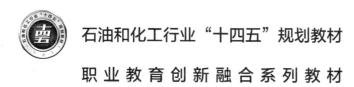

石油和化工行业"十四五"规划教材

职业教育创新融合系列教材

U0368160

冲压工艺与模具设计

宫晓峰　主编

CHONGYA GONGYI
YU
MUJU SHEJI

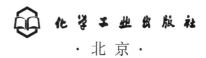

化学工业出版社

·北京·

内 容 简 介

　　本书共六个项目，内容包括连接片冲裁模具设计、垫片落料冲孔复合模具设计、直角支架弯曲模具设计、筒形插接件外壳拉深模具设计、汽车内部支架级进模具设计、汽车盖板零件拉延模具数字化设计。书中以真实生产项目、典型工作任务为载体，落实"岗课赛证"综合育人，融入新技术、新工艺。为方便教学，配套了视频、动画、电子课件、项目测试题及参考答案等丰富的数字资源。

　　本书可作为高职院校模具设计与制造、机械制造及自动化等相关专业的教材，也可作为企业从业人员的岗前培训用书，并可供相关技术人员参考。

图书在版编目（CIP）数据

　　冲压工艺与模具设计/宫晓峰主编. —北京：化学工业出版社，2024.2（2025.1重印）
　　ISBN 978-7-122-44180-5

　　Ⅰ.①冲… Ⅱ.①宫… Ⅲ.①冲压-生产工艺②冲模-设计 Ⅳ.①TG38

　　中国国家版本馆 CIP 数据核字（2023）第 182392 号

责任编辑：韩庆利　　　　　　　　　　　　　文字编辑：宋　旋　温潇潇
责任校对：王　静　　　　　　　　　　　　　装帧设计：史利平

出版发行：化学工业出版社（北京市东城区青年湖南街 13 号　邮政编码 100011）
印　　装：北京天宇星印刷厂
787mm×1092mm　1/16　印张 15¾　字数 390 千字　2025 年 1 月北京第 1 版第 2 次印刷

购书咨询：010-64518888　　　　　　　　　　售后服务：010-64518899
网　　址：http://www.cip.com.cn
凡购买本书，如有缺损质量问题，本社销售中心负责调换。

定　　价：55.00 元

本书积极贯彻《教育强国建设规划纲要（2024—2035年）》，落实教育部加快构建中国特色高质量职业教育教材体系的政策要求，根据企业模具设计员岗位的典型工作任务，以培养岗位的综合职业能力作为目标，以典型冲压模具设计的工作过程为出发点，按照学生学习的成长认知规律，开发了适合高职模具设计与制造专业学生学习的项目化活页式教材。本书内容翔实、案例丰富、体例新颖、实用性强、便于学习，不仅适用于高职院校模具设计与制造、数控技术、机械制造及自动化等专业课程教学，也可作为企业从业人员的岗前培训教材。

在编写中以模具行业头部企业真实生产项目、典型工作任务等为载体，全面落实党的二十大精神进教材的要求，将工匠精神、科技创新等典型课程思政案例融入教材建设。全面落实教材内容适用性、科学性、先进性的要求，将体现热冲压技术、绿色制造等产业发展的新技术、新工艺等融入教材建设。全面落实"岗课赛证"综合育人，将1+X证书制度、拉延模具数字化设计职业技能等级标准和全国行业职业技能大赛"冲压模具数字化设计与制造"赛项内容融入教材建设。

为方便教学，本书配套了丰富的数字资源。视频、动画等可扫描书中二维码观看学习；电子课件可登录化工教育网站（www.cipedu.com.cn）下载或加入QQ群410301985索取；项目测试题及参考答案可扫描书中二维码下载；检测评价的学习记录表和学习评价表，可在书中填写提交，也可扫描书中相应的二维码下载作为活页表格填写提交。

本书共分为六个项目，宫晓峰编写了项目一并负责全书的统稿和审定，张恕爱编写了项目二，栾会光编写了项目三，刘颖良编写了项目四，于仁萍编写了项目五，宋开跃编写了项目六。

在教材的编写过程中，烟台泰利汽车模具股份有限公司的工程师刘军、天津销雨田科技有限公司设计师李雷、天津墨之骅有限公司工程师郑彩云、武汉益模科技股份有限公司工程师黄华参与了教学内容的设计，并对书中的一些技术问题给予了帮助和支持，在此深表感谢！

由于编者水平有限，书中难免存在不妥之处，敬请各位读者不吝赐教，以便及时修正，以臻完善。

编　者

目录

项目一 ▶▶

连接片冲裁模具设计

 学习目标

【知识目标】

1. 了解冲裁变形过程、冲裁间隙对冲压力及模具寿命的影响；
2. 掌握冲裁间隙值的选取方法、冲裁件质量分析及控制知识；
3. 熟悉冲压模具的分类、结构组成及其作用；
4. 熟悉典型冲裁模具的结构；
5. 掌握冲裁工艺性分析过程；
6. 熟悉常见排样的方式，掌握排样图的绘制要点；
7. 掌握刃口尺寸计算方法及原则；
8. 掌握冲裁模具工作零件及结构零件设计的知识。

【能力目标】

1. 能够分析冲压件工艺性，制定冲压工艺方案；
2. 能够设计简单和中等复杂程度的冲裁模具；
3. 能够根据冲压件的废品形式分析其产生原因，制定解决措施；
4. 能够查阅资料获取信息，自主学习新知识、新技术、新标准，具备可持续发展的能力；
5. 具有融会贯通应用知识的能力，具有逻辑思维与创新思维能力。

【素质目标】

1. 具有深厚的爱国情感、国家认同感、中华民族自豪感；
2. 崇德向善、诚实守信、爱岗敬业，具有精益求精的工匠精神；
3. 尊重劳动、热爱劳动，具有较强的实践能力；
4. 具有质量意识、环保意识、安全意识、信息素养、创新精神；
5. 具有较强的团队合作精神，能够进行有效的人际沟通和协作。

思维导图

项目一测试题及参考答案

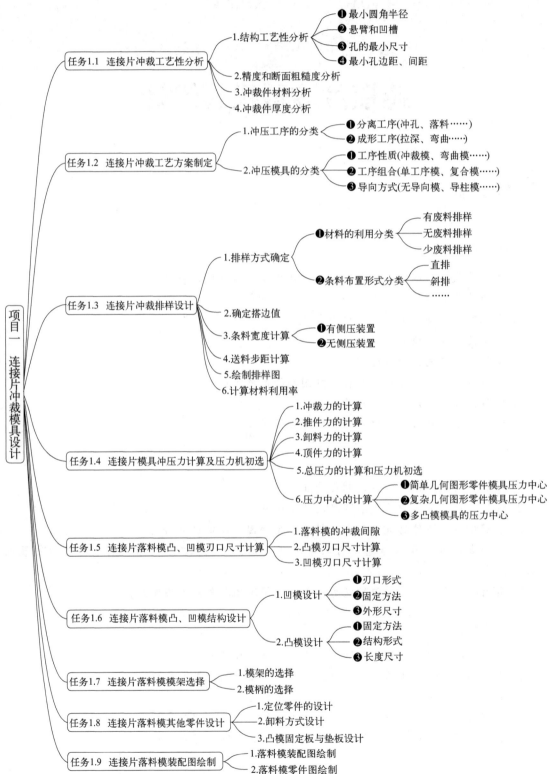

任务1.1 连接片冲裁工艺性分析
- 1.结构工艺性分析
  - ❶最小圆角半径
  - ❷悬臂和凹槽
  - ❸孔的最小尺寸
  - ❹最小孔边距、间距
- 2.精度和断面粗糙度分析
- 3.冲裁件材料分析
- 4.冲裁件厚度分析

任务1.2 连接片冲裁工艺方案制定
- 1.冲压工序的分类
  - ❶分离工序(冲孔、落料……)
  - ❷成形工序(拉深、弯曲……)
- 2.冲压模具的分类
  - ❶工序性质(冲裁模、弯曲模……)
  - ❷工序组合(单工序模、复合模……)
  - ❸导向方式(无导向模、导柱模……)

任务1.3 连接片冲裁排样设计
- 1.排样方式确定
  - ❶材料的利用分类
    - 有废料排样
    - 无废料排样
    - 少废料排样
  - ❷条料布置形式分类
    - 直排
    - 斜排
    - ……
- 2.确定搭边值
- 3.条料宽度计算
  - ❶有侧压装置
  - ❷无侧压装置
- 4.送料步距计算
- 5.绘制排样图
- 6.计算材料利用率

任务1.4 连接片模具冲压力计算及压力机初选
- 1.冲裁力的计算
- 2.推件力的计算
- 3.卸料力的计算
- 4.顶件力的计算
- 5.总压力的计算和压力机初选
- 6.压力中心的计算
  - ❶简单几何图形零件模具压力中心
  - ❷复杂几何图形零件模具压力中心
  - ❸多凸模模具的压力中心

任务1.5 连接片落料模凸、凹模刃口尺寸计算
- 1.落料模的冲裁间隙
- 2.凸模刃口尺寸计算
- 3.凹模刃口尺寸计算

任务1.6 连接片落料模凸、凹模结构设计
- 1.凹模设计
  - ❶刃口形式
  - ❷固定方法
  - ❸外形尺寸
- 2.凸模设计
  - ❶固定方法
  - ❷结构形式
  - ❸长度尺寸

任务1.7 连接片落料模模架选择
- 1.模架的选择
- 2.模柄的选择

任务1.8 连接片落料模其他零件设计
- 1.定位零件的设计
- 2.卸料方式设计
- 3.凸模固定板与垫板设计

任务1.9 连接片落料模装配图绘制
- 1.落料模装配图绘制
- 2.落料模零件图绘制

项目一 连接片冲裁模具设计

⟳ 项目描述

导入项目：

　　某模具厂接到 A 公司的订单，为图 1-1 所示的连接片零件设计一套冲裁模具。连接片材料为优质碳素结构钢 08F，厚度为 1.5mm，要求大批量生产，订单合同如图 1-2 所示。请你按照客户要求，制定冲压工艺方案，完成零件模具设计，工作过程需符合 6S 规范。

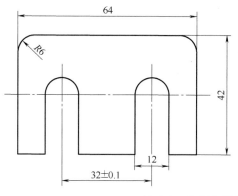

图 1-1　连接片零件

山东××电子科技有限公司　　SHANDONG ×× ELECTRONIC CO.,LTD

连接件冲压模具设计合同

甲方： 山东××电子科技有限公司　**乙方：** 烟台××模具有限公司
地址： 济南市高新区××工业园　　**地址：** 烟台市高新区创业路××号
电话： 0531-83558×××　　　　　**电话：** 0535-68855×××
传真： 0531-83568×××　　　　　**传真：** 0535-68857×××
　　甲乙双方在遵守中华人民共和国法律和有关规定的前提下：就乙方承接设计甲方的连接件冲压模具一事经双方协商，在平等互利原则下达成以下合同条款，双方共同遵守。
　　一、甲方提供该产品制造所需的有关技术质量文件
　☑产品三维造型　　　　☑产品图纸　　　　□实样
　□技术标准文件　　　　□其他技术文件
　　二、制作项目、数量、金额
　　乙方为甲方开发制作模具。模具合计金额：人民币 30000 元整，大写 叁万元整。交付首样工作期：28 天，即 2022 年 11 月 22 日前完成。
　　三、图纸及技术资料的提供、技术要求以及质量要求
　　乙方按照甲方要求负责模具设计，模具设计所需图纸资料由甲方提供给乙方使用。
　　四、图纸及技术资料的提供
　　(1) 乙方按照甲方要求负责模具设计，计算模具日产能力，并须得到甲方确认方可制作；
　　(2) 模具设计所需图纸资料由甲方提供给乙方使用的，须经甲方确认后方可使用。
　　五、技术要求以及质量要求
　　(1) 模具必须按甲方提供的图纸及制作项目，列明要求制造，保证模具制作出符合要求的产品。
　　(2) 模具应符合甲方在向乙方提供的其他的技术资料中明示的技术要求以及质量要求。
　　(3) 乙方制作的模具应保证产能 90000 万数量产品的使用寿命。

山东××电子科技有限公司　　SHANDONG ×× ELECTRONIC CO.,LTD

　　六、模具验收以及产品验收交付
　　(1) 甲方确认的产品零件图；
　　(2) 双方商定，并经甲方确认的技术工艺方案，双方确认的模具技术要求；
　　(3) 模具设计图纸以及电子文档移交甲方。
　　七、模具产品收货及不合格处理
　　乙方所交模具经甲方验收合格方可收货。验收模具产品不合格的，由乙方修正或重做，由于乙方原因制件不良而引起的修改、制作的一切费用由乙方承担，交货期不变。
　　八、违约责任
　　(1) 乙方不能按期交货的，每延迟一天甲方可按开发模具总造价的 2 %金额作罚金。
　　(2) 模具在使用过程中，不能达到合同规定要求的，由乙方负责修理或重作及其费用开发，经 15 天内维修或重作，也不能达到合同规定要求的，乙方赔偿甲方损失。
　　九、其他
　　本合同一式三份，甲方模具制作单位和财务部门各持一份，乙方持一份，具同等法律效力。

甲方(盖章)：　　　　　　　乙方(盖章)：

法定代表人：×××　　　　　法定代表人：×××
日期　2022 年 10 月 25 日　　日期　2022 年 10 月 25 日

图 1-2　连接片订单合同

任务 1.1 连接片冲裁工艺性分析

【任务描述】

根据连接片的结构特点、材料及厚度等，分析连接片的冲裁工艺性，确定工艺方案。

【基本概念】

模具：利用其本身特定的形状去成形具有一定形状和尺寸制品的一种生产工具。

冲压加工：在室温下，利用安装在压力机上的模具，对材料施加压力，使其分离或塑性变形，从而获得所需具有一定形状、尺寸、精度要求的制品或半成品的压力加工方法。

冲压模具：在冲压加工中，将材料加工成零件或半成品的一种特殊工艺装备称为冲压模具或冷冲模。

冲裁工艺性：冲裁件对冲裁工艺的适应性。一个零件的冲裁工艺性好是指能用普通的冲裁方法，在模具寿命和生产效率较高、成本较低的条件下得到质量合格的冲裁件。

冲压加工

【任务实施】

一、结构工艺性分析

连接片形状简单，左右对称，没有小孔，没有尖角；最小圆角半径为 6mm，大于落料时允许的最小圆角半径。零件的凹槽宽度为 12mm，满足大于板厚 1.3～1.5 倍的凹槽最小宽度要求；悬臂的长度为 21mm，宽度为 5cm，满足悬臂长度小于宽度 5 倍的要求。

二、精度和断面粗糙度分析

连接片零件尺寸 (32 ± 0.1)mm 的精度等级介于 IT11 与 IT12 之间，其他尺寸未标注尺寸公差，按 IT14 级精度加工，满足冲裁件的经济精度一般不高于 IT11 级的要求。零件没有提出表面质量要求，取 $Ra\,12.5\mu m$。

三、冲裁件材料分析

零件的材料为优质碳素结构钢 08F，冲裁性能较好。

四、冲裁件厚度分析

厚度 1.5mm，厚度适中。

结论：综上所述，该零件适合冲裁加工。

【知识链接】

一、冲裁件的结构工艺性极限参数

1. 最小圆角半径

冲裁件的转角处应有一定的圆角，其最小圆角半径允许值见表 1-1。如果是少无废料排样冲裁，或者采用镶拼模具时可不要求冲裁件有圆角。圆角减小了应力集中，有效地消除了冲模开裂现象，减少冲裁时尖角的崩刃和过快磨损。

表 1-1　冲裁件最小圆角半径　　　　　　　　　　　　　　　　　　　单位：mm

工序	连接角度	黄铜、纯铜、铝	软钢	合金钢
落料	$\geq 90°$	$0.18t$	$0.25t$	$0.35t$
	$< 90°$	$0.35t$	$0.50t$	$0.70t$
冲孔	$\geq 90°$	$0.20t$	$0.30t$	$0.45t$
	$< 90°$	$0.40t$	$0.60t$	$0.90t$

注：t 为材料厚度（mm），当 $t < 1$mm 时，均以 $t = 1$mm 计算。

2. 冲裁件的悬臂和凹槽

如果冲裁件上有悬臂和凹槽，悬臂和窄槽的宽度 B 需满足大于表 1-2 中所示的板厚倍数关系；悬臂和窄槽的长度应不超过其宽度的 5 倍，即 $L < 5B$。

表 1-2　悬臂和凹槽的最小宽度　　　　　　　　　　　　　　　　　　　单位：mm

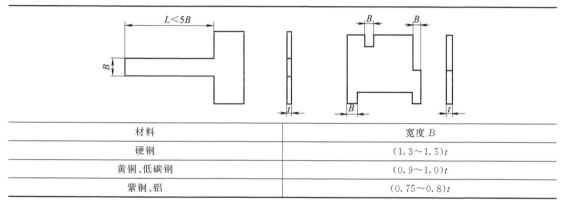

材料	宽度 B
硬钢	$(1.3 \sim 1.5)t$
黄铜、低碳钢	$(0.9 \sim 1.0)t$
紫铜、铝	$(0.75 \sim 0.8)t$

3. 冲裁件孔的最小尺寸

冲裁件孔的尺寸受到凸模强度和刚度的限制，不能太小，冲裁件孔的最小尺寸见表 1-3。

表 1-3　冲裁件孔的最小尺寸　　　　　　　　　　　　　　　　　　　单位：mm

材料	自由凸模冲孔		精密导向凸模冲孔	
	圆形	矩形	圆形	矩形
硬钢	$1.3t$	$1.0t$	$0.5t$	$0.4t$
软钢及黄铜	$1.0t$	$0.7t$	$0.35t$	$0.3t$
铝	$0.8t$	$0.5t$	$0.3t$	$0.28t$
酚醛层压布(纸)板	$0.4t$	$0.35t$	$0.3t$	$0.25t$

注：t 为材料厚度（mm）。

4. 最小孔边距、孔间距

加工的孔为长方形且孔边缘与工件外形边缘平行时，其距离不应小于材料厚度的 1.5 倍；孔边缘与工件外形边缘不平行或为圆孔时，其距离不应小于材料厚度，详见图 1-3。

5. 成形件上的孔边距

在弯曲件或拉深件上冲孔时，孔边与直壁之间应保持一定的间距，以免冲孔时凸模折断，并且避免工件变形，其许可值见图 1-4。

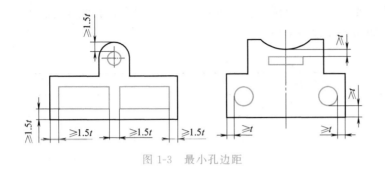

图 1-3　最小孔边距

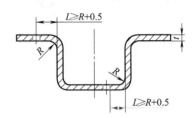

图 1-4　成形件上的孔边距

二、冲裁件的精度和断面粗糙度

1. 冲裁件的精度

冲裁件的精度一般可分为精密级与经济级两类。在不影响使用要求的前提下，应尽可能采用经济公差等级。冲裁件经济精度一般不高于IT11级，最高可达IT8～IT10级，冲孔比落料的精度约高一级。凡产品图样未注公差的尺寸，其极限偏差通常按IT14级处理。冲裁件内外形所能达到的经济公差等级、两孔中心距公差、孔中心与边缘距离尺寸公差见表1-4、表1-5、表1-6。如果工件要求的公差值小于表值，冲裁后需经修整或采用精密冲裁。

表 1-4　冲裁件内外形所能达到的经济公差等级

材料厚度/mm	基本尺寸/mm				
	≤3	3～6	6～10	10～18	18～500
≤1	IT12～IT13			IT11	
1～2	IT14	IT12～IT13			IT11
2～3	IT14			IT12～IT13	
3～5	—	IT14		IT12～IT13	

表 1-5　冲裁件的两孔中心距公差　　　　　单位：mm

材料厚度 t	孔距基本尺寸					
	一般精度（模具）			较高精度（模具）		
	≤50	50～150	150～300	≤50	50～150	150～300
≤1	±0.10	±0.15	±0.20	±0.03	±0.05	±0.08
1～2	±0.12	±0.20	±0.30	±0.04	±0.06	±0.10
2～4	±0.15	±0.25	±0.35	±0.06	±0.08	±0.12
4～6	±0.20	±0.30	±0.40	±0.08	±0.10	±0.15

注：1. 表中所列孔距公差，适用于两孔同时冲出的情况；

2. 一般精度指模具工作部分达到IT8级，凹模后角为15′～30′的情况；

3. 较高精度指模具工作部分达IT7级以上，凹模后角不超过15′。

表 1-6　冲裁件的孔中心与边缘距离尺寸公差　　　　　单位：mm

材料厚度 t	孔中心与边缘距离尺寸			
	≤50	50～120	120～220	220～360
≤2	±0.5	±0.6	±0.7	±0.8

材料厚度 t	孔中心与边缘距离尺寸			
	≤50	50～120	120～220	220～360
2～4	±0.6	±0.7	±0.8	±1.0
>4	±0.7	±0.8	±1.0	±1.2

2. 冲裁件的断面粗糙度

冲裁件的断面粗糙度一般为 $Ra12.5～50\mu m$，最高可达 $Ra6.3\mu m$，冲裁件剪切断面表面粗糙度见表1-7。

表 1-7　冲裁件剪切断面表面粗糙度

冲裁材料厚度 t/mm	≤1	1～2	2～3	3～4	4～5
剪切断面表面粗糙度 $Ra/\mu m$	3.2	6.3	12.5	25	50

注：如果冲裁件剪切断面表面粗糙度要求高于本表所列，则需要另加整形工序。

 素养提升

发展模具工业对国家制造业的重要性

模具工业是制造业的重要支柱，是制造各种零部件和成品所必需的关键工具。模具工业的发展主要受制造业需求和技术创新的推动，工业发达国家把模具工业誉为"创造富裕社会的原动力"，称之为"工业之母"。模具在很大程度上决定着产品的质量、效益和新产品的开发能力，因此模具生产技术水平的高低，已成为衡量一个国家制造业水平的重要标志之一。

随着工业生产和制造技术的不断发展，模具工业也在不断发展和变革。我国模具设计与制造技术的发展经历了萌芽阶段（1950年至20世纪70年代中期）、快速发展阶段（20世纪80年代初期至90年代中期）、产品竞争阶段（20世纪90年代中期至2000年初）和品牌竞争阶段（21世纪初至今）。近年来，我国模具行业市场规模及增速情况如图1-5所示。

图 1-5　我国模具行业市场规模及增速情况

现代模具制造逐渐从简单的传统手工作坊走向自动化、智能化，高精度、高效率，成为模具工业的象征。模具工业的改革和创新已经成为国家发展战略的重要组成部分，越来越多的国家和地区开始关注加强模具技术的研发。模具产品逐渐被应用到各行各业当中，呈现出纵横深度同步拓展的发展态势，如图1-6所示。

图 1-6　模具工业在各行业中的应用

【知识拓展】

冲裁变形过程

冲裁是冲压加工方法中的基础工序，既可以直接冲压出所需的成形零件，又可为其他冲压工序制备毛坯。冲裁从凸模接触板料到板料相互分离的过程是瞬间完成的，变形过程大致可分为三个阶段，如图 1-7 所示。

1. 弹性变形阶段

当凸模接触板料并下压时，在凸、凹模压力作用下，板料开始产生弹性压缩、弯曲、拉伸等复杂变形。随着凸模的下压，刃口附近板料所受的应力逐渐增大，直至达到弹性极限，弹性变形阶段结束。

2. 塑性变形阶段

凸模继续下压，板料变形区的应力达到塑性条件时，便进入塑性变形阶段。随着凸模的下降，塑性变形程度增加，变形区材料硬化加剧，变形抗力不断上升，冲裁力也相应增大，直到刃口附近的应力达到抗拉强度时，塑性变形阶段告终。

3. 断裂分离阶段

当板料内的应力超过抗拉强度，凸模再向下压入时，在板料上与凸、凹模刃口接触的部位先产生微裂纹。随着凸模的继续下压，当上、下裂纹重合时，板料便被剪断分离。凸模将分离的材料推入凹模孔口，冲裁变形过程便结束。

(a) 弹性变形阶段　　　　(b) 塑性变形阶段　　　　(c) 断裂分离阶段

图 1-7　冲裁变形过程

任何一种材料的冲裁，都要经过弹性变形、塑性变形、断裂分离三个阶段，只是由于冲裁条件的不同，三种变形所占的时间比例各不相同。

"连接片冲裁工艺性分析"学习记录表和学习评价表见表1-8、表1-9。

表 1-8 学
习记录表

表 1-8　"连接片冲裁工艺性分析"学习记录表

连接片零件图	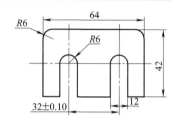		
连接片冲裁工艺性分析			
序号	项目	参数	冲裁工艺性
1	结构 / 形状复杂程度		
2	最小圆角半径		
3	悬臂		
4	凹槽		
5	冲孔最小尺寸		
6	最小孔边距		
7	最小孔间距		
8	尺寸精度 / (32±0.1)mm		
9	其余		
10	表面粗糙度		
11	材料		
12	料厚		

结论：

表 1-9 学习评价表

表 1-9　"连接片冲裁工艺性分析"学习评价表

班级			姓名		学号		日期	
任务名称		连接片冲裁工艺性分析						
自我评价	评价内容						掌握情况	
	1	形状复杂程度分析					□是	□否
	2	最小圆角半径分析					□是	□否
	3	悬臂分析					□是	□否
	4	凹槽分析					□是	□否
	5	冲孔最小尺寸分析					□是	□否
	6	最小孔边距分析					□是	□否
	7	最小孔间距分析					□是	□否
	8	尺寸精度					□是	□否
	9	表面粗糙度					□是	□否
	学习效果自评等级：□优　　　□良　　　　□中　　　　□合格　　　□不合格							
	总结与反思：							
小组合作学习评价	评价内容		完成情况					
	1	合作态度	□优	□良	□中	□合格		□不合格
	2	分工明确	□优	□良	□中	□合格		□不合格
	3	交互质量	□优	□良	□中	□合格		□不合格
	4	任务完成	□优	□良	□中	□合格		□不合格
	5	任务展示	□优	□良	□中	□合格		□不合格
	学习效果小组自评等级：□优　　　□良　　　□中　　　□合格　　　□不合格							
	小组综合评价：							
教师评价	学习效果教师评价等级：□优　　　□良　　　□中　　　□合格　　　□不合格							
	教师综合评价：							

任务 1.2　连接片冲裁工艺方案制定

【任务描述】

根据前文连接片零件的冲裁工艺性分析，制定连接片的冲裁工艺方案。

【任务实施】

确定连接片冲裁工艺方案的主要任务是确定冲裁工序的性质和数目、冲裁工序的组合以及冲裁工序的顺序。对于连接片的工序性质和数目，通过对其结构分析发现，产品没有孔，只有落料工序，且冲裁件结构并不复杂，不难确定它需要一次单工序落料即可完成。但如果遇到复杂程度较高的零件，还需要确定零件冲裁工序的组合是采用单工序冲裁还是采用连续冲裁或复合冲裁，并确定冲裁工序的顺序。

在确定零件冲裁工序的顺序时，既要结合前文内容充分考虑它的结构特点、形状尺寸、精度等级以及生产批量等因素，还要考虑冲裁模具的类型、坯料在模具上的定位等问题，一般按下列原则来确定：

① 先冲裁部分要为后面冲裁工序提供可靠的定位，后冲裁部分不能影响先冲裁部分的质量。

② 若多工序冲裁件采用单工序模冲裁时，应先落料使坯料与条料分离，再以落料所得的工序件外轮廓定位进行冲孔或冲缺口，并且后继工序的定位基准要前后一致，以免出现定位误差。

③ 若多工序冲裁件采用复合模冲裁时，冲孔和落料往往同时进行，以提高冲孔和落料的位置精度。

④ 冲裁大小不同、相距较近的孔时，为减少孔的变形，应先冲大孔和一般精度的孔，后冲小孔和精度较高的孔。

通常对于一个冲裁件，可能有多种冲裁工艺方案，设计时必须对这些方案进行综合分析比较，最终选择一个符合实际生产的最佳工艺方案。

结论：根据连接件冲裁工艺分析和方案制定，确定模具采用具有滑动导向的后侧导柱模结构。考虑到便于模具的制造，采用弹压卸料顶出零件。在零件冲裁过程中采用导料销和挡料销实现定位。

【知识链接】

一、冲压工序的分类

根据材料的变形特点，冲压工序可分为分离工序和成形工序。

分离工序：冲压成形时，使板料沿一定的轮廓线分离而获得一定形状、尺寸和断面质量冲压件的工序。

成形工序：冲压成形时，材料在不破裂的条件下产生塑性变形，从而获得一定形状、尺寸、精度要求冲压件的工序。

这两类工序，按冲压方式不同又具体分为很多基本工序，常见的冷冲压基本工序见表1-10。

根据冲压时的温度情况有冷冲压和热冲压两种方式。

冷冲压：金属在常温下的冲压加工方法。优点为不需加热、无氧化皮，表面质量好，操作方便，费用较低。缺点是有加工硬化现象，严重时使金属失去进一步变形的能力。

热冲压：将金属加热到一定的温度范围的冲压加工方法。优点为可消除内应力，避免加工硬化，增加材料的塑性，降低变形抗力，减少设备的动力消耗。

表 1-10　常见冷冲压工序分类表

类别	工序名称	工序简图	工序特征	模具简图
分离工序	冲孔		将材料沿封闭的轮廓分离，封闭廓线以外的材料成为零件	
	落料		将材料沿封闭的轮廓分离，封闭廓线以外的材料成为废料	
	切边		切去成形制件不整齐的边缘材料	
	切断		将材料沿敞开的轮廓分离，切断线不是封闭的	
	切舌		切口不封闭，并使切口内板料沿着未切部分弯曲	
	剖切		将对称形状的半成品沿着对称面切开，成为制件	
成形工序	弯曲		利用压力使材料产生塑性变形，获得一定曲率、一定角度形状的制件	

类别	工序名称	工序简图	工序特征	模具简图
成形工序	拉深		将平板毛坯变为空心件,或者把空心件进一步改变形状和尺寸	
	翻边		将板料上的孔或外缘翻成直壁	
	缩口		对空心件口部施加由外向内的径向压力,使局部直径缩小	
	胀形		对空心件施加向外的径向力,使局部直径扩张	
	起伏		依靠材料的延伸使工序件形成局部凹陷或凸起	
	旋压		用旋轮使旋转状态下的坯料逐步成形为各种旋转体空心件	
	整形		依靠材料流动,少量改变工序件形状和尺寸,以保证工件精度和正确形状	

二、冲压模具的分类

冲压模具的形式很多,一般可按下列不同特征分类。

1. 工序性质分类

按工序性质分类,冲压模具可分为冲裁模、弯曲模、拉深模、整形模等。

2. 工序组合程度分类

按工序组合程度分类，冲压模具可分为如下三种：

单工序模：在一副模具中只完成一种工序，如落料、冲孔、弯曲等。

复合模：在压力机的一次行程中，在一副模具同一位置上同时完成多道冲压工序。

级进模：在压力机的一次行程中，在一副模具不同位置上同时完成多道冲压工序。

3. 模具导向形式分类

按冲压模具的导向形式分类，冲压模具可分为无导向模、导板模、导柱模。

 素养提升

筑牢安全防线，养成规范操作习惯

冲压车间里，在每分钟生产数十、数百件冲压件的情况下，在短暂时间内完成送料、冲压、出件、排废料等工序，如果不能树立安全意识并规范操作设备，就很容易出现安全事故。根据调查统计，有20%～25%的人身事故发生在模具的安装、调整和机床检修保养过程中，其中大多数发生在25～100t的机床上。冲压事故就在我们身边，并没有离我们很远。筑牢安全防线，养成规范操作习惯，从我做起。

【知识拓展】

单工序模、级进模和复合模的比较

复合模冲裁质量较级进模、单工序模高，当冲裁件尺寸精度高、平面要求平整时，宜采用复合模；对于小批量和试制生产，适宜采用成本较低的单工序模，只有中、大批量生产才采用结构复杂但生产效率高的级进模或复合模；当大批量生产尺寸较小的冲裁件时，为了便于送料、出件和清除废料，应采用工作安全性较好的级进模，但冲裁件的尺寸较大时，由于受压力机工作台面尺寸与工序数的限制，不宜采用级进模。表1-11为单工序模、级进模和复合模的对比。

表 1-11　单工序模、级进模和复合模的对比

比较项目	模具种类			
	单工序模		级进模	复合模
	无导向	有导向		
零件公差等级	低	一般	可达 IT13～IT10 级	可达 IT10～IT8 级
零件特点	尺寸、厚度不限	较厚、中小型尺寸	小型件	尺寸可较大
零件平面度	差	一般	中、小型件不平直	冲件平直且剪切断面好
生产效率	低	较低	自动送料，效率高	机械取件，效率较低
高速自动冲床	不能使用	可以使用	可以使用	操作时出件困难
安全性	需采取安全措施		比较安全	需采取安全措施
多排的应用			常用于尺寸较小的工件	很少采用
模具制造成本	低	稍高	简单零件比复合模低	复杂零件比级进模低

"连接片冲裁工艺方案制定"学习记录表和学习评价表见表 1-12、表 1-13。

表 1-12 学习记录表

表 1-12 "连接片冲裁工艺方案制定"学习记录表

连接片的冲裁工艺方案	

连接片冲裁工艺方案制定

方案	序号	项目	结论
单工序模	1	确定冲裁工序的性质	
	2	确定冲裁工序的数目	
	3	冲裁工序的组合	
	4	冲裁工序的顺序	

结论：

表 1-13 学习评价表

表 1-13 "连接片冲裁工艺方案制定"学习评价表

班级		姓名		学号		日期	
任务名称			连接片冲裁工艺方案制定				

自我评价	评价内容			掌握情况	
	1	确定冲裁工序的性质		□是	□否
	2	确定冲裁工序的数目		□是	□否
	3	冲裁工序的组合		□是	□否
	4	确定冲裁工序顺序原则		□是	□否
	5	冲压工序的分类		□是	□否
	6	冲压模具的分类		□是	□否
	7	单工序模、级进模和复合模的比较		□是	□否
	学习效果自评等级：□优　□良　□中　□合格　□不合格				
	总结与反思：				

小组合作学习评价	评价内容		完成情况			
	1	合作态度	□优	□良	□中	□合格	□不合格
	2	分工明确	□优	□良	□中	□合格	□不合格
	3	交互质量	□优	□良	□中	□合格	□不合格
	4	任务完成	□优	□良	□中	□合格	□不合格
	5	任务展示	□优	□良	□中	□合格	□不合格
	学习效果小组自评等级：□优　□良　□中　□合格　□不合格					
	小组综合评价：					

教师评价	学习效果教师评价等级：□优　□良　□中　□合格　□不合格
	教师综合评价：

任务 1.3   连接片冲裁排样设计

【任务描述】

结合排样设计原则，根据连接片零件的特点进行冲裁排样设计并计算材料利用率。

【基本概念】

排样：冲裁件在条料或板料上的布置方式。

搭边：排样时，冲裁件与冲裁件之间、冲裁件与条料侧边之间留下的工艺余料。

送料步距：条料在模具上每次送进的距离称为送料步距，简称步距或进距。

侧压装置：在条料送进时，在侧边施加一定横向压力，使其紧贴导料板送进的装置。

材料利用率：冲裁件的实际面积与所用板料或条料面积的百分比。

【任务实施】

一、排样方式确定

根据连接片零件的形状特点，排样方式采用单排直排方案。

二、确定搭边值

连接片零件厚度 $t=1.5$mm，查最小搭边值表得到工件间搭边为 1.8mm，侧搭边为 2.0mm。为了增加废料的刚性，提高生产效率，适当增加搭边值，确定采用工件间搭边为 $a_1=2$mm，侧搭边为 $a=2.0$mm。

三、条料宽度计算

当条料在无侧压装置的导料板之间送料时，条料宽度用以下公式计算：

$$B_{-\Delta}^{\ 0}=(D_{max}+2a+Z)_{-\Delta}^{\ 0}=(64+2\times2.0+0.5)_{-0.5}^{\ 0}=68.5_{-0.5}^{\ 0}(mm)$$

当条料在有侧压装置的导料板之间送料时，条料宽度用以下公式计算：

$$B_{-\Delta}^{\ 0}=(D_{max}+2a)_{-\Delta}^{\ 0}=(64+2\times2.0)_{-0.5}^{\ 0}=68_{-0.5}^{\ 0}(mm)$$

根据材料供应情况，确定条料宽度为：$68_{-0.5}^{\ 0}$mm。

四、送料步距计算

连接片零件的送料步距用以下公式计算：

$$S=L+a_1=42+2=44 \text{ （mm）}$$

五、绘制排样图

绘制连接片零件排样图如图 1-8 所示。

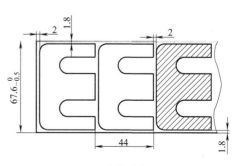

图 1-8   连接片排样图

六、计算材料利用率

由于连接片零件使用卷料加工，料头、料尾的材料损耗可以忽略不计，因此需要计算一个步距的材料利用率，连接片面积用 AutoCAD 软件查询可以得到，用公式计算如下：

$$\eta = \frac{S_1}{S_0} \times 100\% = \frac{2057.1}{44 \times 67.6} \times 100\% = 69.2\%$$

【知识链接】

一、排样

在进行冲裁加工前，一般要根据工件形状和具体加工方案将标准规格的钢板剪成相应的条料，然后再到模具上进行冲压加工。这就需要将冲裁件在板料上提前布置，进行排样设计。一般来说，排样工作的主要内容包括排样条料宽度与送料步距的计算、排料图的绘制以及材料利用率的核算。排样方案对材料利用率、冲裁件质量、生产率、生产成本和模具结构形式都有重要影响。

1. 排样设计的原则

① 提高材料利用率。冲裁件生产批量大，生产效率高，材料费用一般会占总成本的 60% 以上，所以材料利用率是衡量排样经济性的一项重要指标。在不影响零件性能的前提下，应合理设计零件外形及排样，提高材料利用率。

② 改善操作性。冲裁件排样应使工人操作方便、安全、劳动强度低。一般说来，在冲裁生产时应尽量减少条料的翻动次数，在材料利用率相同或相近时，应选用条料宽度及进距小的排样方式。

③ 考虑模具结构和产品质量。冲裁件排样应考虑尽量使模具结构简单合理，使用寿命长，同时保证冲裁件质量。

2. 排样的方法

根据材料的合理利用情况，条料排样方法分为有废料排样、少废料排样、无废料排样，如图 1-9 所示。

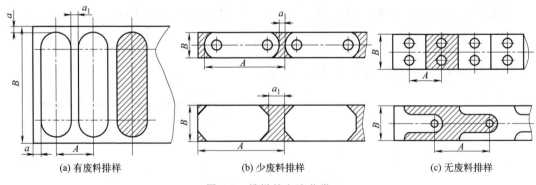

(a) 有废料排样　　　　(b) 少废料排样　　　　(c) 无废料排样

图 1-9　排样的方法分类

有废料排样：冲裁时沿着冲裁件的封闭轮廓进行，在冲裁件与冲裁件之间及冲裁件与条料侧边之间均有工艺余料（搭边）。

少废料排样：只在冲裁件之间或冲裁件与条料侧边之间留有余料，沿冲裁件的部分外形轮廓进行冲裁或切断。

无废料排样：冲裁件与冲裁件之间以及冲裁件与条料侧边之间没有工艺余料，制件直接由切断条料获得。

根据制件在条料的布置形式，排样可以分为直排、斜排、直对排、斜对排、混合排、多行排等。排样形式分类见表 1-14。

表 1-14　排样形式分类

排样形式	有废料排样	少废料排样	无废料排样
直排			用于简单的矩形、方形
斜排			用于椭圆形、十字形、T形、L形或S形。材料利用率比直排高，但受形状限制，应用范围有限
直对排			用于梯形、三角形、半圆形、山字形，直对排一般需将板料掉头往返冲裁，有时甚至要翻转材料往返冲裁，工人劳动强度大
斜对排			多用于T形、S形冲件，材料利用率比直对排高，但也存在和直对排同样的问题
混合排			用于材料及厚度都相同的两种或两种以上的制件。混合排样只有采用不同零件同时落料，将不同制件的模具复合在一副模具上才有价值
多行排			用于大批量生产中尺寸不大的圆形、正多边形。材料利用率随行数的增加而大大提高，但会使模具结构更复杂

二、搭边

1. 搭边的作用

搭边在冲裁工艺中的作用主要包括：①补偿条料送进时的定位误差和下料误差，确保冲出合格的制件；②保持条料的刚性，有利于送料；③保证模具受力均匀，减少磨损，提高模具的寿命；④有利于实现自动化冲压。

2. 搭边值的确定

搭边值的大小取决于制件的形状、材质、料厚等。搭边值过小，影响条料的定位和正确送进，制件精度不易保证；搭边值过大，材料利用率低。搭边值通常由经验确定，表 1-15为低碳钢最小搭边值的经验数据，供设计时参考。

表 1-15 低碳钢最小工艺搭边值　　　　　　　　　　　单位：mm

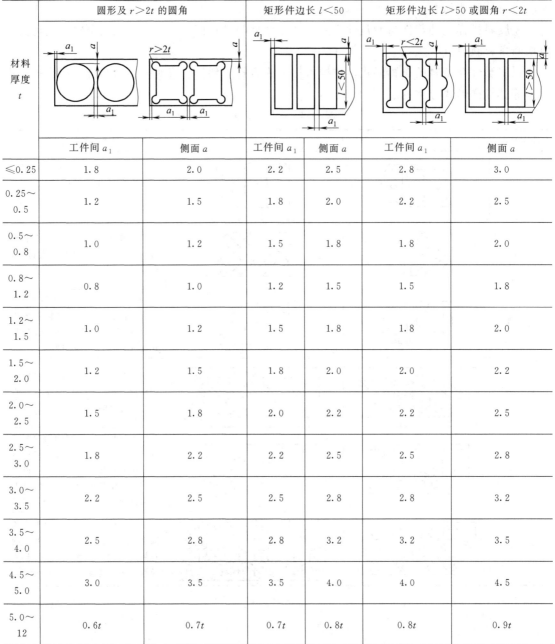

材料厚度 t	圆形及 r>2t 的圆角		矩形件边长 l<50		矩形件边长 l>50 或圆角 r<2t	
	工件间 a_1	侧面 a	工件间 a_1	侧面 a	工件间 a_1	侧面 a
≤0.25	1.8	2.0	2.2	2.5	2.8	3.0
0.25~0.5	1.2	1.5	1.8	2.0	2.2	2.5
0.5~0.8	1.0	1.2	1.5	1.8	1.8	2.0
0.8~1.2	0.8	1.0	1.2	1.5	1.5	1.8
1.2~1.5	1.0	1.2	1.5	1.8	1.8	2.0
1.5~2.0	1.2	1.5	1.8	2.0	2.0	2.2
2.0~2.5	1.5	1.8	2.0	2.2	2.2	2.5
2.5~3.0	1.8	2.2	2.2	2.5	2.5	2.8
3.0~3.5	2.2	2.5	2.5	2.8	2.8	3.2
3.5~4.0	2.5	2.8	2.8	3.2	3.2	3.5
4.5~5.0	3.0	3.5	3.5	4.50	4.0	4.5
5.0~12	0.6t	0.7t	0.7t	0.8t	0.8t	0.9t

注：表中搭边值适用于低碳钢，其他材料应将表中数值乘下列系数，中碳钢：0.9，高碳钢：0.8，硬黄铜：1~1.1，硬铝：1~1.2，软黄铜、紫铜：1.2，铝：1.3~1.4，非金属（皮革、纤维板等）：1.5~2。

三、送料步距与条料宽度

1. 送料步距

一个送料步距可以冲出一个零件，也可以冲出几个零件。送料步距的大小应为条料上两个对应冲裁件的对应点之间的距离，每次只冲一个零件的步距 S 的计算公式为：

$$S = L + a_1 \tag{1-1}$$

式中，L 为平行于送料方向的冲裁件宽度，mm；a_1 为冲裁件之间的搭边值，mm，见表 1-15。

2. 条料宽度

为保证送料的顺利进行，不因条料过宽出现送料卡死的现象，条料的下料公差规定为负偏差。为了保证条料在模具上定位和正确送进，有时需要使用侧压装置。

当在有侧压装置或要求手动保持条料紧贴单侧导料板送料时，条料宽度按式（1-2）计算。

$$B_{\Delta}^0 = (D_{\max} + 2a)_{-\Delta}^0 \tag{1-2}$$

当条料在无侧压装置的导料板之间送料时，条料宽度按式（1-3）计算。

$$B_{\Delta}^0 = (D_{\max} + 2a + Z)_{-\Delta}^0 \tag{1-3}$$

当条料的送料步距用侧刃定距时，条料宽度必须增加侧刃切去的部分，条料宽度按照式（1-4）计算。

$$B_{\Delta}^0 = (D_{\max} + 2a + nb)_{-\Delta}^0 \tag{1-4}$$

式中，B 为条料宽度，mm；D 为垂直于送料方向的冲裁件宽度，mm；a 为冲裁件与条料侧边之间的搭边值，mm；Δ 为条料下料时的下偏差值，mm，可查表 1-16；Z 为条料与导料板之间的间隙，mm，可查表 1-17；n 为侧刃数；b 为侧刃冲切的料边宽度，mm，可查表 1-18。

表 1-16 条料宽度的单向偏差 Δ　　　　单位：mm

条料宽度 B	材料厚度 t			
	$\leqslant 1$	$>1\sim2$	$>2\sim3$	$>3\sim5$
$\leqslant 50$	0.4	0.5	0.7	0.9
$>50\sim100$	0.5	0.6	0.8	1.0
$>100\sim150$	0.6	0.7	0.9	1.1
$>150\sim220$	0.7	0.8	1.0	1.2
$>220\sim300$	0.8	0.9	1.1	1.3

表 1-17 条料与导料板之间的间隙 Z　　　　单位：mm

条料宽度 B	材料厚度 t		
	$0.5\sim1$	$>1\sim2$	>2
<100	0.5	0.5	2
$100\sim200$	0.5	1.0	3
$>200\sim300$	1.0	1.0	3

表 1-18 侧刃冲切的料边宽度 b　　　　单位：mm

材料厚度 t	金属材料	非金属材料
$\leqslant 1.5$	1.5	2
$1.5\sim2.5$	2.0	3
$2.5\sim3$	2.5	4

四、材料利用率

在相等的材料面积上能够获得更多的制件，通常用材料利用率表示。

一个送料步距的材料利用率 η：

$$\eta = \frac{S_1}{S_0} \times 100\% = \frac{S_1}{A \times B} \times 100\% \tag{1-5}$$

如果考虑到料头、带尾等材料的消耗，一张板料、条料或带料总的材料利用率 $\eta_{总}$：

$$\eta_{总} = \frac{n \times S}{S_0} \times 100\% = \frac{n \times S}{L \times B} \times 100\% \tag{1-6}$$

式中，S_0 为一个送料步距毛坯的面积，mm^2；S_1 为一个送料步距冲裁件的实际面积，mm^2；S 为一个冲裁件的实际面积，mm^2；A 为送料步距，mm；B 为板料、带料或条料的宽度，mm；L 为板料、带料或条料的长度，mm。

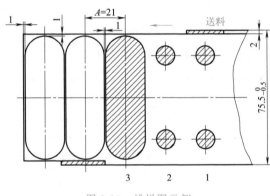

图 1-10　排样图示例

以上关于面积的计算，可在 AutoCAD 中查询。先按 1：1 绘图，将要求面积的区域，用命令 Region 转换为面域；再执行 Measuregeom 命令，选择对象并按回车键，在命令行就会显示面积与周长。

五、排样图

排样图反映操作时条料的工作状态，应包含排样方法、制件的冲裁过程、定距方式（用侧刃定距时侧刃的形状和位置）、条料宽度、条料长度、搭边值、送料步距、送料方向、本工位的状态、前一个工位的状态，排样图的示例如图 1-10 所示。

【知识拓展】

排样图的注意事项

1. 排样图的绘制位置

排样图是排样设计最终的表达方式，它应绘制在冲压工艺规程卡片上和冲裁模总装配图的右上角。

2. 冲裁位置的标注

按选定的模具类型和冲裁顺序画上适当的剖面线（习惯以剖面线表示冲压位置），标上尺寸和公差。从排样图的剖面线应能看出是单工序模还是级进模或复合模。必要时，还可以用双点画线画出条料在送料时定位元件的位置。

3. 注明倾斜角度

当采用斜排的方法排样时，注明倾斜角度的大小。对于有纤维方向的排样图，应用箭头表示出条料的纹向。级进模的排样要反映出冲压顺序、空工位、定距方式等。采用侧刃定距时要画出侧刃冲切条料的位置。

【检测评价】

"连接片冲裁排样设计"学习记录表和学习评价表见表 1-19、表 1-20。

表 1-19 学
习记录表

表 1-19 "连接片冲裁排样设计"学习记录表

连接片排样图	连接片冲裁排样设计

连接片冲裁排样设计

序号	项目	结论
1	排样方式确定	
2	确定搭边值	
3	条料宽度计算	
4	送料步距计算	
5	绘制排样图	
6	计算材料利用率	

结论：

表 1-20 学习评价表

表 1-20 "连接片冲裁排样设计"学习评价表

班级			姓名		学号		日期	
任务名称				连接片冲裁排样设计				
自我评价		评价内容					掌握情况	
	1	排样方式确定					□是	□否
	2	确定搭边值					□是	□否
	3	条料宽度计算					□是	□否
	4	送料步距计算					□是	□否
	5	绘制排样图					□是	□否
	6	计算材料利用率					□是	□否
	学习效果自评等级：□优　　□良　　□中　　□合格　　□不合格							
	总结与反思：							

小组合作学习评价		评价内容	完成情况				
	1	合作态度	□优	□良	□中	□合格	□不合格
	2	分工明确	□优	□良	□中	□合格	□不合格
	3	交互质量	□优	□良	□中	□合格	□不合格
	4	任务完成	□优	□良	□中	□合格	□不合格
	5	任务展示	□优	□良	□中	□合格	□不合格
	学习效果小组自评等级：□优　　□良　　□中　　□合格　　□不合格						
	小组综合评价：						

教师评价	学习效果教师评价等级：□优　　□良　　□中　　□合格　　□不合格
	教师综合评价：

任务 1.4　连接片模具冲压力计算及压力机初选

【任务描述】

根据连接片零件的特点完成冲裁力、卸料力、推件力和顶件力的计算，确定冲裁模的压力中心，并根据计算结果初选冲压加工的压力机。

【基本概念】

冲压力：材料在冲裁过程中完成其分离所需的作用力和其他附加力的总称。它包括冲裁力、卸料力、推件力和顶件力。

模具压力中心：模具各个冲压部分冲裁力的合力作用点。

【任务实施】

一、冲裁力的计算

根据连接片零件图（图 1-11），考虑零件为对称结构，计算零件冲裁周边长度为：

$$L = a + b + \cdots + m + n$$
$$= (36 + 10 + 21 + 26 + 21 + 10 + 0.75 \times \pi \times 12) \times 2$$
$$= 304.52 \ (\text{mm})$$

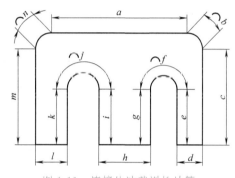

图 1-11　连接片冲裁周长计算

冲裁力的系数 K 取 1.3，零件的冲裁周边长度也可利用绘图软件直接查询得到。已知连接片材料为 08F，料厚 1.5mm，材料抗剪强度 τ_b 可根据材料力学性能表查询为：265 ～ 273MPa，这里取最大值 273MPa。冲裁力的计算如下：

$$F = KLt\tau_b = 1.3 \times 304.52 \times 1.5 \times 273 = 162111.22 \ (\text{N}) = 162.11 \ (\text{kN})$$

二、推件力的计算

凹模为直刃口，凹模孔口的直刃壁高度为 15mm，零件的壁厚为 1.5mm，同时卡在凹模内的冲裁件数为 10。$K_{推}$ 取 0.055。

$$F_{推} = nK_{推} F = 10 \times 0.055 \times 162.11 = 89.16 \ (\text{kN})$$

三、卸料力的计算

查表得卸料力的系数 $K_{卸} = 0.025 \sim 0.06$，取 0.05。卸料力的计算如下：

$$F_{卸} = K_{卸} F = 0.05 \times 162.11 = 8.11 \ (\text{kN})$$

四、顶件力的计算

查表得卸料力的系数 $K_{顶} = 0.06$。顶件力的计算如下：

$$F_{顶} = K_{顶} F = 0.06 \times 162.11 = 9.73 \ (\text{kN})$$

五、总压力的计算和压力机初选

若选取弹性卸料装置，并采用上出料的方式，则连接片零件总冲压力为：

$$F_{\Sigma} = F + F_{卸} + F_{顶} = 162.11 + 8.11 + 9.73 = 179.95 \ (\text{kN})$$

根据压力机吨位要大于零件总冲压力的原则，查询压力机规格表，初选压力机为 J23-20，公称压力为 200kN。

若选取刚性卸料装置，并采用下出料的方式，则连接片零件总冲压力为：

$$F_{\Sigma} = F + F_{推} = 162.11 + 89.16 = 251.27 \ (\text{kN})$$

根据压力机吨位要大于零件总冲压力的原则，查询压力机规格表，初选压力机为 J23-25，公称压力为 250kN。

六、压力中心的计算

连接片零件为对称结构，故其压力中心一定在对称轴 Y 轴上，即 $X_0 = 0$。因此，只需求出 Y_0 即可。

$L_1 = 64 - 12 \times 2 = 40 \ (\text{mm})$，$Y_1 = 0\text{mm}$；$L_2 = 4 \times 21 = 84 \ (\text{mm})$，$Y_2 = 10.5\text{mm}$；$L_3 = 36 \times 2 = 72 \ (\text{mm})$，$Y_3 = 18\text{mm}$；$L_4 = 52\text{mm}$，$Y_4 = 42\text{mm}$；$L_5 = 12\pi = 37.68 \ (\text{mm})$，$L_6 = \pi \times 6 = 18.84 \ (\text{mm})$；$Y_5 = \dfrac{180 \times 6 \times \sin 90^\circ}{\pi \times 90} + 21 = 24.82 \ (\text{mm})$；$Y_6 = \dfrac{180 \times 6 \times \sin 45^\circ}{\pi \times 45} \times \cos 45^\circ + 36 = 39.82 \ (\text{mm})$；

$$Y_0 = \frac{40 \times 0 + 84 \times 10.5 + 72 \times 18 + 52 \times 42 + 37.68 \times 24.82 + 18.84 \times 39.82}{40 + 84 + 72 + 52 + 37.68 + 18.84} = 19.86 \ (\text{mm})。$$

因此，连接件冲裁模的压力中心坐标为（0，19.86）。

【知识链接】

一、冲裁力

冲裁力是冲裁过程中凸模对板料施加的压力，它是随凸模进入材料的深度而变化的。通常说的冲裁力是指冲裁力的最大值。用普通平刃口模具冲裁时，冲裁力 F 一般按式（1-7）计算：

$$F = KLt\tau_b \tag{1-7}$$

有时为计算简便，也可按式（1-8）估算冲裁力：

$$F = Lt\sigma_b \tag{1-8}$$

式中，F 为冲裁力，N；L 为冲裁周边长度，mm；t 为材料厚度，mm；τ_b 为材料抗剪强度，MPa；K 为修正系数，一般取 1.3；σ_b 为材料的抗拉强度，MPa。

二、卸料力、推件力、顶件力

在冲裁结束时，由于材料的弹性恢复和翘曲变形，以及摩擦的存在，使冲落部分材料梗塞在凹模内，而冲裁剩下的材料则紧箍在凸模上。为了使冲裁工作继续进行，须将箍在凸模上的料卸下，将卡在凹模的料推出。从凸模上卸下紧箍的料所需的力称卸料力，用 $F_{卸}$ 表示；将梗塞在凹模内的料顺冲裁方向推出所需要的力称推件力，用 $F_{推}$ 表示；逆冲裁方向将料从凹模内顶出所需要的力称顶件力，用 $F_{顶}$ 表示，如图 1-12 所示。

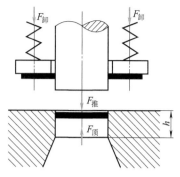

图 1-12　卸料力、推件力和顶件力

卸料力、推件力和顶件力是由压力机和模具卸料装置或顶件装置传递的。所以在选择设备的公称压力或设计冲模时，应分别予以考虑。影响这些力的因素较多，主要有材料的力学性能、材料的厚度、模具间隙、凹模洞口的结构、搭边大小、润滑情况、制件的形状和尺寸等。所以要准确地计算这些力是困难的，生产中常用下列经验公式计算：

$$F_{卸}=K_{卸}F \tag{1-9}$$

$$F_{推}=nK_{推}F \tag{1-10}$$

$$F_{顶}=K_{顶}F \tag{1-11}$$

式中，F 为冲裁力，N；$K_{卸}$、$K_{推}$、$K_{顶}$ 为卸料力、推件力、顶件力的系数，其值见表 1-21；n 为同时卡在凹模内的冲裁件（或废料）数。凹模为锥形刃口时，$n=0$；凹模为直刃口时，$n=h/t$，其中 h 为凹模孔口的直刃壁高度，mm；t 为板料厚度，mm。

表 1-21　卸料力、推件力和顶件力的系数

	材料厚度 t/mm	$K_{卸}$	$K_{推}$	$K_{顶}$
钢	≤0.1	0.065～0.075	0.1	0.14
	>0.1～0.5	0.045～0.055	0.063	0.08
	>0.5～2.5	0.04～0.05	0.055	0.06
	>2.5～6.5	0.03～0.04	0.045	0.05
	>6.5	0.02～0.03	0.025	0.03
铝、铝合金		0.025～0.08	0.03～0.07	
纯铜、黄铜		0.02～0.06	0.03～0.09	

注：$K_{卸}$ 在冲多孔、大搭边和轮廓复杂制件时取上限。

三、冲压总压力

选择压力机时，要根据不同的模具结构，计算出所需的总冲压力。

1. 采用弹性卸料和上出料方式

$$总冲压力为：F_{\Sigma}=F+F_{卸}+F_{顶} \tag{1-12}$$

2. 采用刚性卸料和下出料方式

$$总冲压力为：F_{\Sigma}=F+F_{推} \tag{1-13}$$

3. 采用弹性卸料和下出料方式

$$总冲压力为：F_{\Sigma}=F+F_{卸}+F_{推} \tag{1-14}$$

在选择压力机吨位时，其值应大于所计算的总冲压力值。

四、压力中心

为了保证压力机和模具的正常工作，应使模具的压力中心与压力机滑块的中心线相重

合。否则，冲压时滑块就会承受偏心载荷，导致滑块导轨和模具导向部分不正常的磨损，还会使合理间隙得不到保证，从而影响制件质量和降低模具寿命甚至损坏模具。所以，在设计模具时，必须确定模具的压力中心，并使其通过模柄的轴线，从而保证模具压力中心与压力机滑块中心重合。压力中心可以通过制图软件计算。

1. 简单几何图形零件模具的压力中心

对于形状简单而对称的几何体，如圆形、正多边形、矩形，其冲裁时的压力中心与工件的几何中心重合。冲裁直线段时，其压力中心位于直线段的中心。冲裁圆弧线段时，其压力中心位于任意角 2α 的角平分线上，如图 1-13 所示，且距离圆弧圆心距离按式（1-15）计算。

$$X_0 = \frac{180 R \sin\alpha}{\pi\alpha} = \frac{R \sin\alpha}{\alpha'} = \frac{Rs}{b} \tag{1-15}$$

式中，R 为圆弧半径，mm；α 为圆心半角，(°)；α' 为 α 弧度值，rad；s 为弦长，mm；b 为弧长，mm。

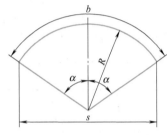

图 1-13　圆弧线段的压力中心

2. 复杂形状零件模具的压力中心

对于复杂形状零件的压力中心可用求平行力系合力作用点的方法来确定压力中心，如图 1-14 所示。压力中心的坐标按照式（1-16）、式（1-17）计算。

$$X_0 = \frac{L_1 X_1 + L_2 X_2 + \cdots + L_n X_n}{L_1 + L_2 + \cdots + L_n} \tag{1-16}$$

$$Y_0 = \frac{L_1 Y_1 + L_2 Y_2 + \cdots + L_n Y_n}{L_1 + L_2 + \cdots + L_n} \tag{1-17}$$

式中，L_n 为冲裁单元的周边长度，mm；X_i 为冲裁单元的压力中心 X 坐标；Y_n 为冲裁单元的压力中心 Y 坐标；X_0 为冲裁件的压力中心 X 坐标；Y_0 为冲裁件的压力中心 Y 坐标。

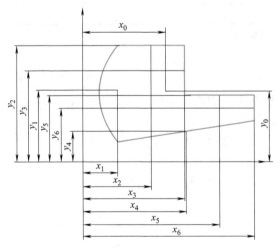

图 1-14　复杂形状零件的压力中心

3. 多凸模模具的压力中心

计算多凸模模具的压力中心是将各凸模的压力中心确定后，再计算模具的压力中心。

一、典型冲压设备的类型与结构

冲压设备在很大程度上直接影响着冲压生产的规模和效率、工艺的稳定性、产品的质量和经济性等。冲压设备的种类很多，常用的冲压设备主要有机械压力机和液压机等。冲压生产中用得最多的是机械压力机中的曲柄压力机。

1. 曲柄压力机的工作原理

曲柄压力机（习惯上称冲床）是通过曲柄滑块机构将电动机的旋转运动转变为冲压生产所需要的直线往复运动，在冲压生产中广泛用于冲裁、弯曲、拉深及翻边等工序。曲柄压力机按机身结构的不同可分为开式压力机和闭式压力机。曲柄压力机工作原理如图 1-15 所示。

电动机 1 通过三角带 2 把运动传递给大带轮 3 使中间轴 4 转动，齿轮 5 与齿轮 6 啮合使曲轴 9 转动，经过连杆 11 带动滑块 12 做上下直线运动。上模 13 固定于滑块上，下模 14 固定于工作台垫板 15 上，压力机便能对置于上、下模间的材料施加压力，即能进行冲裁及其他冲压成形工艺。由于生产工艺的需要，滑块有时运动，有时停止，所以在曲轴的两端装有离合器 7 和制动器 10，以实现滑块的间隙运动。为了使电动机的负荷均匀，并能有效地利用能量，压力机应该安装飞轮。在曲柄压力机上大齿轮 6 起到了飞轮的作用。

从上述的工作原理可以看出，曲柄压力机山以下几部分组成。工作部分：山曲轴、连杆、滑块组成的曲柄滑块机构；传动系统：包括齿轮传动、带传动等机构；操作系统：离合器、制动器和电气控制装置等；能源系统：电动机、飞轮等；支承部件：如机身等。

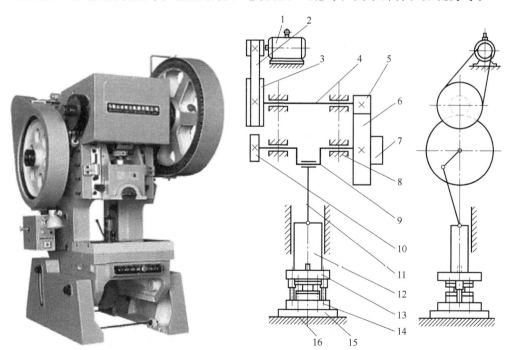

图 1-15　曲柄压力机的结构及工作原理

1—电动机；2—三角带；3—大带轮；4—中间传动轴；5—小齿轮；6—大齿轮；7—离合器；
8—机身；9—曲轴；10—制动器；11—连杆；12—滑块；13—上模；14—下模；15—垫板；16—工作台

2. 压力机技术参数

（1）公称压力

公称压力指滑块在离下止点前某一特定距离或曲柄旋转到离下止点前某一特定角度时，滑块上所允许承受的最大作用力。压力机的公称压力必须大于冲压工艺力。

（2）滑块行程

滑块行程指滑块从上止点到下止点所经过的距离。它的大小随工艺用途和公称压力的不同而不同。曲柄运动到最高点时滑块也运动到最高点，此点称为上止点。曲柄运动到最低点时，滑块也运动到最低点，此点称为下止点。滑块行程的数值等于曲轴半径的 2 倍。压力机滑块行程应满足制件在高度上能获得所需尺寸，并在冲压工序完成后能顺利地从模具上取出来。对于上出件的拉深等冲压工序，滑块行程应大于零件高度的两倍以上。

（3）行程次数

行程次数指滑块每分钟从上止点到下止点，再回到上止点所往返的次数。其数值的大小标志着生产率的高低。压力机的行程次数应根据所需的生产率、操作的可能性和允许的变形速度等来确定。

（4）闭合高度

闭合高度指滑块在下止点时，滑块下表面到工作台上表面的距离。由于压力机的连杆长度可以调整，故分为最大闭合高度和最小闭合高度。当闭合高度调整装置将滑块调整到最上位置时，闭合高度最大，称为最大闭合高度。当闭合高度调整装置将滑块调整到最下位置时，闭合高度最小，称为最小闭合高度。闭合高度从最大到最小可以调整的范围，称为闭合高度调节量。

（5）装模高度

当工作台面上装有垫板，滑块在下止点时，滑块下平面到垫板上平面的距离称为装模高度。在最大闭合高度状态时的装模高度，称为最大装模高度；在最小闭合高度状态时的装模高度，称为最小装模高度。闭合高度与装模高度之差为垫板厚度。

压力机的闭合高度、工作台面尺寸、滑块尺寸、模柄孔尺寸等都要能满足模具正确安装的要求。对于曲柄压力机，模具的闭合高度与压力机的闭合高度之间应符合：

$$H_{\min}+10\text{mm}\leqslant H \leqslant H_{\max}-5\text{mm} \tag{1-18}$$

式中，H 为模具的闭合高度，mm；$H_{\max}$ 为压力机的最大闭合高度，mm；$H_{\min}$ 为压力机的最小闭合高度，mm。

工作台尺寸一般应大于模具下模板 50～70mm（单边），以便于模具安装；垫板孔径应大于制件或废料的投影尺寸或弹顶器径向尺寸，以便于漏料或安装弹顶器；模柄尺寸应与模柄孔尺寸相符。

二、利用软件查询压力中心

由于解析法求压力中心计算过程复杂，在实际设计过程中，利用计算机软件辅助确定压力中心要方便得多。但计算机软件只能查询到物体的质心，质心和重心是不同的概念，重心是物体各部分所受重力的合力作用点，而质心是物体的质量分布中心，当物体远离地球时，不再受地球的重力作用，重心就失去存在的意义，而此时物体的质心仍然存在；重心和质心也存在相互的联系，例如在物体不太大时，质点系内各质点所受重力平行时，重心和质心是重合的，当物体很大时，重心和质心不再重合，如高山的重心比质心要低一些。通常我们研究的冲裁件一般不是很大，可以认为重心和质心是重合的。下面介绍常用的 AutoCAD 软件和 UG 软件的查询过程。

1. AutoCAD 软件确定压力中心

运用 AutoCAD 软件确定冲裁件的压力中心步骤如下：

第一步，沿冲裁轮廓绘好冲裁件的平面图形，并将图形移到建立好的坐标系中；

第二步，执行"面域"（massprop）指令；

第三步，选择"工具"菜单栏下的"查询"指令，选择"面域/质量特性（M）"，然后选择刚刚做好的面域，单击确定后会弹出一个 AutoCAD 文本窗口，查看其中的"质心"位置即为所求的压力中心位置。

2. UG 软件确定压力中心

运用 UG 软件确定冲裁件的压力中心步骤如下：

第一步，对冲裁件沿冲裁轮廓创建实体（该实体是一个只沿冲裁轮廓扫掠的、任意尽可能小截面的实体），并把坐标系建立在正确的位置上；

第二步，选择"分析"菜单栏下的"高级质量属性"指令，选择"高级重量管理（W）"，在弹出的对话框中选择"工作部件"，在弹出的一个信息窗口中，查看其中的"质心"位置即为所求的压力中心位置。

 **素养提升**

AI 在冲压模具上的应用

人工智能技术在冲压模具上的应用

人工智能技术（AI）在冲压模具上的应用涵盖了设计、仿真、质量控制、供应链优化等多个方面，不仅提高了生产效率和质量，还降低了成本和风险，为冲压模具制造业带来了显著的变革和发展机遇。

在模具设计方面，通过学习历史设计方案和设计目标等数据，AI 大模型可以快速生成备选的初步设计方案，并可基于材料属性和性能指标等优化方案，减少了简单模式的重复设计和低创意繁琐工作，提高了设计效率。

在仿真模拟方面，AI 技术可以模拟整个冲压过程，分析不同的模具几何形状、材料和加工条件对最终产品的影响，有助于工程师加快设计过程；AI 还可以对生产情况进行仿真模拟，找到最佳工艺路线及工艺数据，达到产品生产的最优工艺能力。

在质量控制方面，通过分析传感器数据和历史性能，AI 可以实时监控冲压模具工作中的冲压力、材料厚度、产品尺寸等变量，并可以检测出部件存在缺陷的偏差，实现对冲压模具生产过程的精确质量控制。有时可以预测部件何时可能出现故障，从而及时安排预防性维护，避免代价高昂的故障停机。

在供应链优化方面，AI 可以分析历史数据、市场趋势甚至新闻资讯，预测冲压模具的需求波动。

【检测评价】

"连接片模具冲压力计算及压力机初选"学习记录表和学习评价表见表1-22、表1-23。

表 1-22 学习记录表

表 1-22 "连接片模具冲压力计算及压力机初选"学习记录表

连接片模具 压力中心计算	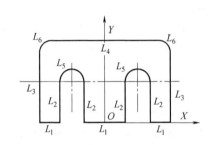 

连接片模具冲压力计算及压力机初选

序号	项目	公式	结果
1	冲裁力计算		
2	卸料力计算		
3	推件力计算		
4	顶件力的计算		
5	确定连接片模具压力中心		
6	初选压力机		

结论：

表 1-23 "连接片模具冲压力计算及压力机初选"学习评价表

表 1-23 学习评价表

班级		姓名		学号		日期	
任务名称		连接片模具冲压力计算及压力机初选					

自我评价	评价内容			掌握情况	
	1	冲裁力计算		□是	□否
	2	卸料力计算		□是	□否
	3	推件力计算		□是	□否
	4	顶件力的计算		□是	□否
	5	确定连接片模具压力中心		□是	□否
	6	初选压力机		□是	□否
	学习效果自评等级：□优　　□良　　□中　　□合格　　□不合格				
	总结与反思：				

小组合作学习评价	评价内容	完成情况				
	1　合作态度	□优	□良	□中	□合格	□不合格
	2　分工明确	□优	□良	□中	□合格	□不合格
	3　交互质量	□优	□良	□中	□合格	□不合格
	4　任务完成	□优	□良	□中	□合格	□不合格
	5　任务展示	□优	□良	□中	□合格	□不合格
	学习效果小组自评等级：□优　　□良　　□中　　□合格　　□不合格					
	小组综合评价：					

教师评价	学习效果教师评价等级：□优　　□良　　□中　　□合格　　□不合格
	教师综合评价：

任务 1.5　连接片落料模凸、凹模刃口尺寸计算

【任务描述】

结合前期连接片冲裁工艺分析和工艺方案确定，进行连接片落料模凸、凹模刃口尺寸的计算。

【基本概念】

冲裁间隙：冲裁的凸模和凹模刃口之间的间隙。凸模和凹模每一侧的间隙称为单边间隙；两侧间隙之和称为双边间隙。无特殊说明，冲裁间隙是双边间隙。

【任务实施】

一、确定连接片落料模的冲裁间隙

前面分析了连接片材料为优质碳素结构钢 08F，其尺寸（32 ± 0.10）mm 精度等级介于 IT11 与 IT12 之间，其他尺寸未标注尺寸公差，查表 1-24 得到间隙值：$Z_{\min}=2\times7\times1.5\%=0.21$（mm），$Z_{\max}=2\times10\times1.5\%=0.3$（mm）。

二、连接片落料模凸、凹模刃口尺寸计算

连接片零件中未标注公差的尺寸包括 6、12、42、64，按 IT14 级查表分别为：
$6_{-0.3}^{0}$、$12_{0}^{+0.43}$、$42_{-0.62}^{0}$、$64_{-0.74}^{0}$

连接片零件不属于圆形或简单规则形状的制件，故选取采用凸模和凹模配制加工的方法。以凹模为基准件，再按最小合理间隙配制凸模。摩擦系数取 $x=0.75$，δ_d 取 $\Delta/4$。根据凹模磨损后的尺寸变化情况，将连接件零件图中各尺寸分为：

第一类（A）尺寸：$64_{-0.74}^{0}$、$42_{-0.62}^{0}$、$6_{-0.3}^{0}$

第二类（B）尺寸：$12_{0}^{+0.43}$

第三类（C）尺寸：32 ± 0.10

$$A_d=(A_{\max}-x\Delta)_0^{+\delta_d}=(64-0.75\times0.74)_0^{+\frac{0.74}{4}}=63.445_0^{+0.185}\,(\text{mm})$$

$$A_d=(A_{\max}-x\Delta)_0^{+\delta_d}=(42-0.75\times0.62)_0^{+\frac{0.62}{4}}=41.535_0^{+0.155}\,(\text{mm})$$

$$A_d=(A_{\max}-x\Delta)_0^{+\delta_d}=(6-0.75\times0.3)_0^{+\frac{0.3}{4}}=5.775_0^{+0.075}\,(\text{mm})$$

$$B_d=(B_{\min}+x\Delta)_{-\delta_d}^{0}=(12+0.75\times0.43)_{\frac{0.43}{4}}^{0}=12.323_{-0.108}^{0}\,(\text{mm})$$

$$C_d=C_{平均}\pm0.125\Delta=32\pm0.125\times0.2=32\pm0.025\,(\text{mm})$$

凸模的刃口尺寸按凹模的实际尺寸配制，并保证双边间隙 0.21～0.3mm。

【知识链接】

一、冲裁间隙

冲裁间隙的数值等于凹模刃口与凸模刃口尺寸之差，如图 1-16 所示。

$$Z = D_{\mathrm{d}} - D_{\mathrm{p}} \tag{1-19}$$

式中，Z 为冲裁间隙，mm；D_{d} 为凹模刃口尺寸，mm；D_{p} 为凸模刃口尺寸，mm。

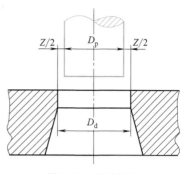

图 1-16 冲裁间隙

1. 冲裁间隙的确定原则

因为冲裁间隙对冲裁件质量、冲裁力、模具寿命都有影响。因此，在设计和制造模具时，一定要选择一个合理间隙值。在具体设计冲裁模时，根据冲裁件在生产中的具体要求可按下列原则进行选取：

① 当冲裁件尺寸精度要求不高，或对剪切面质量无特殊要求时，为了提高模具寿命和减小冲压力，从而获得较大的经济效益，一般采用较大的间隙值。

② 当冲裁件尺寸精度要求较高，或对剪切面质量有较高要求时，应选择较小间隙值。

③ 在设计冲裁模刃口尺寸时，考虑到模具在使用过程中的磨损会使刃口间隙增大，应按最小间隙值来计算刃口尺寸。

2. 冲裁间隙的确定方法

（1）经验确定法

经验确定法是模具设计人员根据冲裁件的质量要求和使用状况凭借实践经验确定模具间隙。按间隙的取值大小、应用场合不同，间隙大致可分为四种类型。

大间隙类：取 $Z = (20\% \sim 30\%)t$，多用于较厚的、无装配要求的焊接件的冲裁。

中等间隙类：取 $Z = (8\% \sim 12\%)t$，用于综合质量要求较好的、有一定的装配要求的连接件的冲裁，是常用类型之一。

小间隙类：取 $Z = 5\%t$，多用于较薄的、无装配要求的外观件，有色金属焊接件的冲裁，电子、仪表行业应用较多。

极小间隙类：取 $Z = 0.01 \sim 0.02$mm，只用于精密冲裁和光整冲裁。

（2）查表法

查表法是工厂中设计模具时普遍采用的方法之一，表 1-24 是经验数据表。表中 I 类冲裁间隙适用于冲裁件剪切面、尺寸精度要求高的场合；Ⅱ 类冲裁间隙适用于冲裁件剪切面、尺寸精度要求较高的场合；Ⅲ 类冲裁间隙适用于冲裁件剪切面、尺寸精度要求一般的场合；Ⅵ 类冲裁间隙适用于冲裁件剪切面、尺寸精度要求不高时，应优先采用较大间隙，以利于提高冲模寿命的场合；Ⅴ 类冲裁间隙适用于冲裁件剪切面、尺寸精度要求较低的场合。

表 1-24 金属板料冲裁间隙值（GB/T 16743—2010）　　　　　　　　单位：mm

材料	抗剪强度 τ /MPa	初始间隙（单边间隙）/%t				
		I 类	Ⅱ 类	Ⅲ 类	Ⅵ 类	Ⅴ 类
低碳钢 08F、10F、10、20、Q234-A	≥210～400	1.0～2.0	3.0～7.0	7.0～10.0	10.0～12.5	21.0
中碳钢 45、不锈钢 1Cr18NiTi、4Cr13、膨胀合金（可伐合金）4J29	≥420～560	1.0～2.0	3.5～8.0	8.0～11.0	11.0～15.0	23.0
高碳钢 T8A、T10A、65Mn	≥590～930	2.5～5.0	8.0～12.0	12.0～15.0	15.0～18.0	25.0
纯铝 1060、1050A、1035、1200、铝合金（软态）321、黄铜（软态）H62、纯铜（软态）T1、T2、T3	≥65～255	0.5～1.0	2.0～4.0	4.5～6.0	6.5～9.0	17

材料	抗剪强度 τ /MPa	初始间隙(单边间隙)/%t				
		Ⅰ类	Ⅱ类	Ⅲ类	Ⅵ类	Ⅴ类
黄铜(硬态)H62、铅黄铜 HPb59-1,纯铜(硬态)T1、T2、T3	≥290~420	0.5~2.0	3.0~5.0	5.0~8.0	8.5~11.0	25
铝合金(硬态)ZA12、锡青铜 QSn4-4-2.5、铝青铜 QA17、铍青铜 QBe2	≥225~550	0.5~1.0	3.5~4.0	7.0~10,0	11.0~13.5	20.0
镁合金 MB1、MB8	≥120~180	0.5~1.0	1.5~2.5	3.5~4.5	5.0~7.0	16
电工硅钢	190	—	2.5~5.0	5.0~9	—	—

二、凸、凹模刃口尺寸计算

在冲裁过程中,凸模、凹模刃口尺寸及制造公差,直接影响冲裁件的尺寸精度。合理的冲裁间隙,要靠凸模、凹模刃口尺寸的准确性来保证。因此,正确地确定冲裁刃口尺寸及制造公差是冲裁模设计过程中的一项关键性的工作。

1. 凸、凹模刃口尺寸计算原则

落料件尺寸取决于凹模尺寸。设计落料模时,以凹模为基准,先根据制件尺寸计算凹模刃口尺寸;间隙取在凸模上,冲裁间隙通过减少凸模刃口的尺寸取得。

冲孔件尺寸取决于凸模尺寸。设计冲孔模时,以凸模为基准,先根据制件尺寸计算凸模刃口尺寸;间隙取在凹模上,冲裁间隙通过增大凹模刃口的尺寸取得。

根据磨损规律,落料时凹模孔磨损后增大,设计落料模时,凹模的公称尺寸应取制件尺寸公差范围内的较小尺寸;设计冲孔模时,凸模的公称尺寸则应取制件孔尺寸公差范围内的较大尺寸。这样,在凸模、凹模制造时就储备一定磨损留量,即使在凸模、凹模磨损到一定程度的情况下,仍能冲出合格制件。这个磨损留量称为备磨量,用 $x\Delta$ 表示。Δ 为冲裁件的公差值;x 为磨损系数,其值在 $0.5\sim1$ 之间,与冲裁件制造精度有关。

其中,磨损后变大的尺寸称为第一类尺寸 A_j,磨损后变小的尺寸称为第二类尺寸 B_j,磨损后尺寸不变的称为第三类尺寸 C_j。

当冲裁件尺寸公差等级为IT10及以上时,$x=1$。

当冲裁件尺寸公差等级为IT11~IT13时,$x=0.75$。

当冲裁件尺寸公差等级为IT14及以下时,$x=0.5$。

不论落料还是冲孔,在初始设计模具时,冲裁间隙一般采用最小合理间隙值。

冲裁模刃口尺寸的制造偏差方向,原则上采用单向标注,方向指向金属实体内部即"入体"原则。对于刃口尺寸磨损后不变的尺寸,制造偏差应取双向偏差且对称标注。

2. 凸、凹模刃口尺寸计算方法

模具刃口尺寸及公差的计算和加工方法有关,基本上可以分为两类:分开加工和配制加工。

(1)互换加工

互换加工方法又称分开加工方法,主要适用于圆形或简单规则形状的制件,因冲裁此类制件的凸、凹模制造相对简单,精度容易保证,所以采用分开加工。设计时,须在图样上分别标注凸模和凹模刃口尺寸及制造公差。制造时,必须分别保证凸模、凹模的实际尺寸在图样标注的公差范围以内,才能保证冲裁间隙。

① 落料

$$D_d = (D_{max} - x\Delta)^{+\delta_d}_0 \tag{1-20}$$

$$D_p = (D_d - Z_{min})^0_{-\delta_p} = (D_{max} - x\Delta - Z_{min})^0_{-\delta_p} \tag{1-21}$$

② 冲孔

$$d_d = (d_p + Z_{min})^{+\delta_d}_0 = (d_{min} + x\Delta + Z_{min})^{+\delta_d}_0 \tag{1-22}$$

$$d_p = (d_{min} + x\Delta)^0_{-\delta_p} \tag{1-23}$$

③ 孔中心距

$$L_d = (L_{min} + 0.5\Delta) \pm 0.125\Delta \tag{1-24}$$

式中，D_d 为落料凹模公称尺寸，mm；D_{max} 为落料件上极限尺寸，mm；d_{min} 为冲孔件孔的下极限尺寸，mm；L_d 为同一工步凹模孔距公称尺寸，mm；Z_{min} 为凸、凹模最小初始双向间隙，mm；δ_p 为凸模下极限偏差；δ_d 为凹模上极限偏差；x 为磨损系数；D_p 为落料凸模公称尺寸，mm；d_p 为冲孔凸模公称尺寸，mm；d_d 为冲孔凹模公称尺寸，mm；Δ 为制件公差。

凸模、凹模极限偏差与冲裁间隙的关系如图 1-17 所示。δ_p、δ_d 一般按照 IT6～IT7 精度选取，或按经验取 $\Delta/4$。同时，为了保证冲裁间隙在合理范围内，还需满足下列关系式：

$$|\delta_p| + |\delta_d| \leqslant Z_{max} - Z_{min} \tag{1-25}$$

如不满足，则可根据以下公式确定。

$$|\delta_d| = 0.6(Z_{max} - Z_{min}) \tag{1-26}$$

$$|\delta_p| = 0.4(Z_{max} - Z_{min}) \tag{1-27}$$

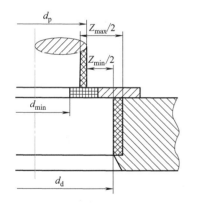
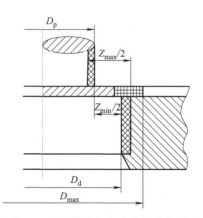
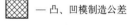

图 1-17　凸模、凹模极限偏差与冲裁间隙的关系

（2）凸、凹模配制加工

配制加工法就是先按设计尺寸制出一个基准件（凸模或凹模），然后根据基准件的实际尺寸再按最小合理间隙配制另一件。这种加工方法的特点是模具的间隙由配制保证，工艺比较简单，不必校核 $|\delta_p| + |\delta_d| \leqslant Z_{max} - Z_{min}$ 的条件，并且还可放大基准件的制造公差，使制造容易。

设计时，只要把基准件的刃口尺寸及制造公差详细注明，而另外一个相配件只需在图样中注明：凸（凹）模刃口尺寸按照凹（凸）模的实际尺寸配制，保证双面间隙 Z 即可。目前企业常采用该加工方法。

根据冲裁加工工艺的不同，刃口尺寸的计算方法如下：

① 落料。图 1-18 所示零件落料时应以凹模为基准件来配做凸模。图中的虚线表示凹模刃口磨损后尺寸的变化情况。比较凹模刃口轮廓（实线）与凹模磨损后的轮廓（虚线）的变化，就可以得出：凹模磨损后尺寸变大的尺寸为 A_1、A_2、A_3；凹模磨损后尺寸变小的尺寸为 B_1、B_2、B_3；凹模磨损后尺寸不变的尺寸为 C_1、C_2。故凹模刃口尺寸也应分三种情况进行计算。

凹模磨损后变大的尺寸（A_{1d}、A_{2d}、A_{3d}），按一般落料凹模尺寸公式计算：

$$A_d = (A_{max} - x\Delta)^{+\delta_d}_0 \tag{1-28}$$

凹模磨损后变小的尺寸（B_{1d}、B_{2d}），按一般冲孔凸模尺寸公式计算：

$$B_d = (B_{min} + x\Delta)^0_{-\delta_d} \tag{1-29}$$

凹模磨损后无变化的尺寸（C_{1d}、C_{2d}），设计时应尽量取落料件公差带的中间值计算：

$$C_d = C_{平均} \pm 0.125\Delta \tag{1-30}$$

式中，A_d、B_d、C_d 为凹模的刃口尺寸，mm；A_{max}、B_{min}、$C_{平均}$ 为制件的最大、最小和平均尺寸，mm；x 为磨损系数；Δ 为制件的公差，mm；δ_d 为凹模制造偏差，mm，一般取 $\Delta/4$。

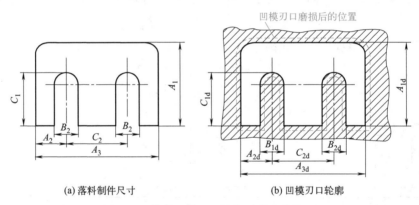

图 1-18　落料凹模刃口磨损后的变化情况

以上是落料凹模刃口尺寸的计算方法。落料用的凸模刃口尺寸，按照凹模实际尺寸配制，并保证最小间隙 Z_{min}。故在凸模上只标注基本尺寸，不标注偏差，同时需在图样技术要求上注明："凸模刃口尺寸按凹模实际尺寸配制，保证双面间隙值为 $Z_{min} \sim Z_{max}$。"

② 冲孔。图 1-19 所示零件冲孔时应以凸模为基准件来配做凹模。图中的虚线表示凸模刃口磨损后尺寸的变化情况。比较凸模刃口轮廓（实线）与凸模磨损后的轮廓（虚线）的变化，就可以得出：凸模磨损后尺寸变大的尺寸为 A_1、A_2；凸模磨损后尺寸变小的尺寸为 B_1、B_2、B_3；凸模磨损后尺寸不变的尺寸为 C_1、C_2。故凸模刃口尺寸也应分三种情况进行计算。

凸模磨损后变大的尺寸（A_{1p}、A_{2p}），按一般落料凹模尺寸公式计算：

$$A_p = (A_{max} - x\Delta)^{+\delta_p}_0 \tag{1-31}$$

凹模磨损后变小的尺寸（B_{1p}、B_{2p}、B_{3p}），按一般冲孔凸模尺寸公式计算：

$$B_p = (B_{min} + x\Delta)^0_{-\delta_p} \tag{1-32}$$

凹模磨损后无变化的尺寸（C_{1p}、C_{2p}），设计时应尽量取落料件公差带的中间值计算：

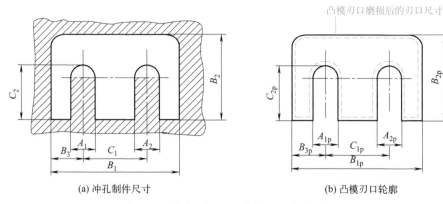

(a) 冲孔制件尺寸　　　　　(b) 凸模刃口轮廓

图 1-19　冲孔凸模刃口磨损后的变化情况

$$C_\mathrm{p} = C_{平均} \pm 0.125\Delta \qquad\qquad (1\text{-}33)$$

式中，A_p、B_p、C_p 为凸模的刃口尺寸，mm；A_{max}、B_{min}、$C_{平均}$ 为制件的最大、最小和平均尺寸，mm；x 为磨损系数；Δ 为制件的公差，mm；δ_p 为凸模制造偏差，mm，一般取 $\Delta/4$。

以上是冲孔凸模刃口尺寸的计算方法。冲孔用的凹模刃口尺寸，按照凸模实际尺寸配制，并保证最小间隙 Z_{min}。故在凹模上只标注基本尺寸，不标注偏差，同时需在图样技术要求上注明："凹模刃口尺寸按凸模实际尺寸配制，保证双面间隙值为 $Z_{min} \sim Z_{max}$。"

"连接片落料模凸、凹模刃口尺寸计算"学习记录表和学习评价表见表 1-25、表 1-26。

表 1-25 "连接片落料模凸、凹模刃口尺寸计算"学习记录表

表 1-25 学
习记录表

连接片落料
模凸、凹模
刃口尺寸
计算

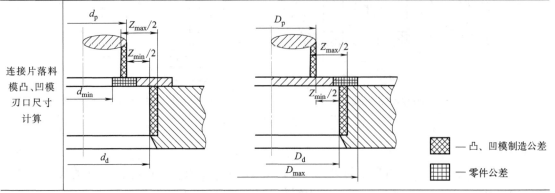

连接片落料模凸、凹模刃口尺寸计算

序号	项目	公式	结果
1	确定连接片落料模的冲裁间隙		
2	凹模磨损后变大的尺寸计算($64_{-0.74}^{0}$)		
3	凹模磨损后变大的尺寸计算($42_{-0.62}^{0}$)		
4	凹模磨损后变大的尺寸计算($6_{-0.3}^{0}$)		
5	凹模磨损后变小的尺寸计算($12_{0}^{+0.43}$)		
6	凹模磨损后无变化的尺寸计算(32 ± 0.10)		

结论：

表 1-26 学习评价表

表 1-26 "连接片落料模凸、凹模刃口尺寸计算"学习评价表

班级		姓名		学号		日期	
任务名称			连接片落料模凸、凹模刃口尺寸计算				

自我评价		评价内容			掌握情况	
	1	冲裁间隙的确定原则			□是	□否
	2	冲裁间隙的确定方法			□是	□否
	3	互换加工凸、凹模刃口尺寸计算方法			□是	□否
	4	配制加工冲孔、落料磨损后变大尺寸计算方法			□是	□否
	5	配制加工冲孔、落料磨损后变小尺寸计算方法			□是	□否
	6	配制加工冲孔、落料磨损后无变化尺寸计算方法			□是	□否
	学习效果自评等级：□优　　□良　　□中　　□合格　　□不合格					
	总结与反思：					

小组合作学习评价		评价内容		完成情况			
	1	合作态度	□优	□良	□中	□合格	□不合格
	2	分工明确	□优	□良	□中	□合格	□不合格
	3	交互质量	□优	□良	□中	□合格	□不合格
	4	任务完成	□优	□良	□中	□合格	□不合格
	5	任务展示	□优	□良	□中	□合格	□不合格
	学习效果小组自评等级：□优　　□良　　□中　　□合格　　□不合格						
	小组综合评价：						

教师评价	学习效果教师评价等级：□优　　□良　　□中　　□合格　　□不合格
	教师综合评价：

任务 1.6　连接片落料模凸、凹模结构设计

【任务描述】

结合前面凸、凹模刃口尺寸计算结果，进行连接片落料模凸、凹模的结构设计。

【任务实施】

一、凹模设计

凹模刃口尺寸在前面任务中已经完成计算，凹模刃口最大尺寸为 $63.445^{+0.185}_{0}$ mm。凹模类型选用整体式凹模，矩形凹模板。凹模刃口形式确定采用直壁刃口，下料孔用台阶式。查表 1-27，得到凹模边距为 30mm，凹模高度 H 为 22mm。

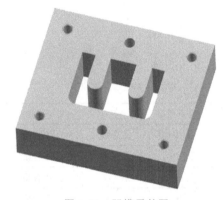

图 1-20　凹模零件图

垂直于送料方向的凹模宽度概略确定：$B = 63.445 + 30 \times 2 = 123.445$（mm）；

送料方向凹模长度 L 的概略确定：$L = 41.535 + 30 \times 2 = 101.535$（mm）。

按照国标凹模板尺寸系列，综合考虑确定凹模外形尺寸：$H = 22$mm、$L = 100$mm、$B = 125$mm。

选用 M8 螺钉，定位销钉也选用 $\phi8$，螺钉到边缘的距离取 $1.5d$，最终设计的凹模工程图如图 1-20 所示。

二、凸模设计

凸模零件根据凹模配做，凸模的刃口尺寸按凹模的实际尺寸配制，并保证双边间隙 $0.21 \sim 0.3$mm。为了便于线切割加工，凸模设计成直通式凸模。凸模固定板的厚度取 15mm，卸料板的厚度取 12mm。

凸模长度计算为：$L = h_1 + h_2 + t + h = 15 + 12 + 1.5 + 19.5 = 47$（mm）

考虑到模具制造方便，采用直通式凸模，设计其固定部分和成形部分的尺寸一致，其与凸模固定板的连接方式采用铆接，最终设计的凸模工程图如图 1-21 所示。

【知识链接】

一、凹模的结构设计

1. 凹模的刃口形式

凹模的刃口形式有如图 1-22 所示的五种形式，即柱孔口锥形凹模、柱孔口直向形凹模、直向形凹模、锥形凹模和锥形柱孔锥形凹模。

柱孔口锥形凹模的刃口强度较高，修磨后刃口尺寸不变，但在孔口内容易积存制件或废料，会增加冲裁力和孔壁的磨损，刃口高度不宜过大。一般情况下，当料厚 $t < 0.5$mm 时，$h = 3 \sim 5$mm；当 $t = 0.5 \sim 5$mm 时，$h = 5 \sim 10$mm；当 $t = 5 \sim 10$mm 时，$h = 10 \sim 15$mm，

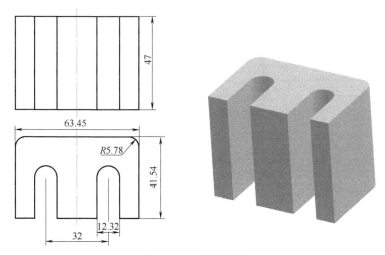

图 1-21 凸模零件图

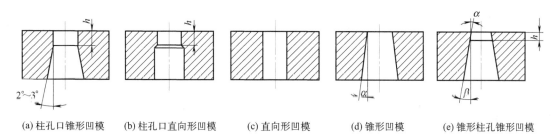

(a)柱孔口锥形凹模　(b)柱孔口直向形凹模　(c)直向形凹模　(d)锥形凹模　(e)锥形柱孔锥形凹模

图 1-22 凹模的刃口形式

$\alpha = 3° \sim 5°$。常用于冲裁形状复杂或精度要求较高的冲裁件。

柱孔口直向形凹模的刃口强度较高,修磨后刃口尺寸不变,漏料部位呈圆形,加工简单,制件容易漏下,适合冲裁直径小于 5mm 的制件。

直向形凹模的刃口强度高,刃磨后刃口尺寸不变,多用于有顶出装置的模具中。

锥形凹模的制件容易漏下,凹模磨损后修磨量较小,但刃口强度不高,刃磨后刃口尺寸有变大的趋势,锥形口制造较困难。适于冲制自然漏料、精度不高、形状简单的冲裁件。一般电加工时取 $\alpha = 4' \sim 20'$,机加工经钳工精修时取 $\alpha = 15' \sim 30'$。

锥形柱孔锥形凹模的孔口不易积存制件或废料,刃口强度略差,一般用于冲制形状简单、精度要求不高的冲裁件。

2. 凹模的固定方法

如图 1-23(a)、(b)所示为圆形凹模及其固定方法。圆形凹模尺寸不大,直接装在凹模固定板中,采用 H7/m6 配合,主要用于冲孔加工。如图 1-23(c)所示是采用螺钉和销

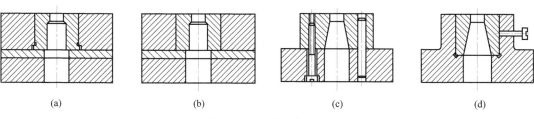

(a) 　　　(b) 　　　(c) 　　　(d)

图 1-23 凹模固定方法

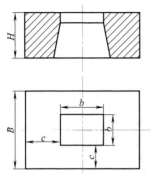

图 1-24 凹模外形尺寸确定

钉直接固定在支承件上的凹模，这种凹模板已经有标准，它与标准固定板、垫板和模座等配合使用。图 1-23（d）为快换式冲孔凹模固定方法。

3. 凹模的外形尺寸

整体式凹模外形尺寸是指凹模的长、宽、高尺寸如图 1-24 所示。设计时，凹模的高度 H 与凹模壁厚 c 可根据被冲材料的厚度和冲裁件的最大外形尺寸查表 1-27 确定，有时也可根据大、小型凹模的壁厚按照式（1-34）～式（1-36）确定。

凹模的高度：

$$H = Kb \qquad (1\text{-}34)$$

小型凹模的壁厚：

$$c = (1.5 \sim 2)H \qquad (1\text{-}35)$$

大型凹模的壁厚：

$$c = (2 \sim 3)H \qquad (1\text{-}36)$$

式中，b 为凹模孔的最大宽度，mm；K 为凹模的高度系数，见表 1-28；H 为凹模的高度；c 为凹模壁厚。

表 1-27　整体式凹模外形尺寸　　　　　　　　　　　单位：mm

板料厚度		≤0.8		0.8～1.5		1.5～3		3～5		5～8		8～12	
凹模外形尺寸		c	H	c	H	c	H	c	H	c	H	c	H
工件最大尺寸 b	<75	26	20	30	22	34	25	40	28	47	30	55	35
	75～150	32	22	36	25	40	28	46	32	55	35	65	40
	150～200	38	25	42	28	46	32	52	36	60	40	75	45
	>200	44	28	48	30	52	35	60	40	68	45	85	50

表 1-28　凹模的高度系数 K

凹模刃口最大尺寸 b/mm	料厚 t/mm				
	0.5	1	2	3	>3
≤50	0.30	0.35	0.42	0.50	0.60
>50～100	0.20	0.22	0.28	0.35	0.42
>100～200	0.15	0.18	0.20	0.24	0.30
>200	0.10	0.12	0.15	0.18	0.22

二、凸模的结构设计

1. 凸模的结构形式及固定方法

凸模的结构形式主要取决于冲裁件的形状和尺寸、模具结构、加工及装配工艺等实际条件，所以在实际生产中使用的凸模种类很多。凸模按其工作断面的形式可分为圆形和非圆形凸模；按照凸模刃口形状可将其分为平刃凸模和斜刃凸模；根据凸模结构可将其分为整体式、镶拼式、阶梯式、直通式和带护套式凸模等。

（1）圆形凸模

根据国家标准规定，圆形凸模如图 1-25 所示包括三种形式。其中较大直径的凸模、较小直径的凸模适用于冲裁力和卸料力大的场合；快换式的小凸模，维修更换方便。台阶式的凸模装配、修磨方便，强度、刚性较好，工作部分的尺寸由计算求得；与凸模固定板按过渡配合（M6）；最大直径的作用是形成台肩，以便固定，保证工作时凸模不被拉出。

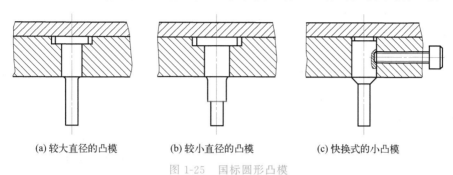

(a) 较大直径的凸模　　　　(b) 较小直径的凸模　　　　(c) 快换式的小凸模

图 1-25　国标圆形凸模

（2）非圆形凸模

非圆形凸模是指凸模工作部分截面为非圆形，又称为异形凸模，可将其近似分为圆形类和矩形类，如图 1-26 所示。圆形类凸模的固定部分可做成圆柱形，但需注意凸模定位，常用骑缝销来防止凸模的转动。矩形类凸模的固定部分一般做成矩形体。如采用线切割加工或成形设备加工时，固定部分和工作部分的尺寸应一致，即为直通式凸模，采用与固定板铆接的方式连接。

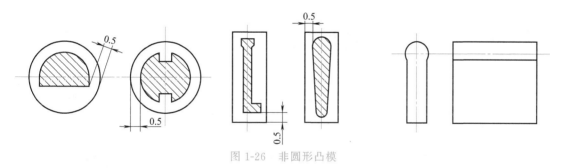

图 1-26　非圆形凸模

（3）大、中型凸模

大、中型冲裁凸模可分为整体式和镶拼式两种，如图 1-27 所示。

图 1-27（a）用模板上的止口定位，螺钉固定；图 1-27（b）直接用螺钉与销钉固定在模板上；图 1-27（c）采用镶拼式凸模，这样既可以节省模具钢材，又便于锻造、热处理和

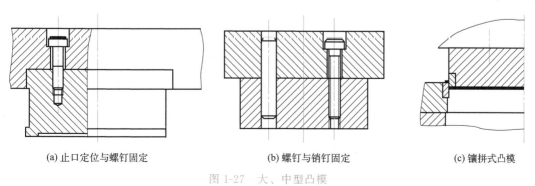

(a) 止口定位与螺钉固定　　　　(b) 螺钉与销钉固定　　　　(c) 镶拼式凸模

图 1-27　大、中型凸模

机加工，大型凸模多采用这种结构形式。

（4）冲小孔凸模

所谓小孔，一般是指孔径 d 小于被冲板料的厚度或直径 $d<1mm$ 的圆孔和面积 $A<1mm^2$ 的异形孔。它对结构工艺性的要求大大超过了一般冲孔零件。

冲小孔的凸模强度和刚度差，容易弯曲和折断，所以必须采取措施提高它的强度和刚度，从而提高其使用寿命。冲小孔凸模加保护与导向结构有两种，即局部保护与导向和全长保护与导向，常用冲小孔凸模保护与导向结构如图1-28所示。图1-28（a）、（b）是局部导向结构，它利用弹压卸料板对凸模进行保护与导向；图1-28（c）、（d）是以简单的凸模护套来保护凸模，并以卸料板导向，其效果较好；图1-28（e）、（f）、（g）基本上是全长保护与导向，其护套装在卸料板或导板上，在工作过程中始终不离上模导板、等分扇形块或上护套。模具处于闭合状态，护套上端也不碰到凸模固定板。当上模下压时，护套相对上滑，凸模从护套中相对伸出进行冲孔。这种结构避免了小凸模可能受到的侧压力，防止小凸模弯曲和折断。图1-28（f）具有三个等分扇形槽的护套，可在固定的三个等分扇形块中滑动，使凸模始终处于三向保护与导向之中，效果较图1-28（e）好，但结构较复杂，制造困难。而图1-28（g）结构较简单，导向效果也较好。

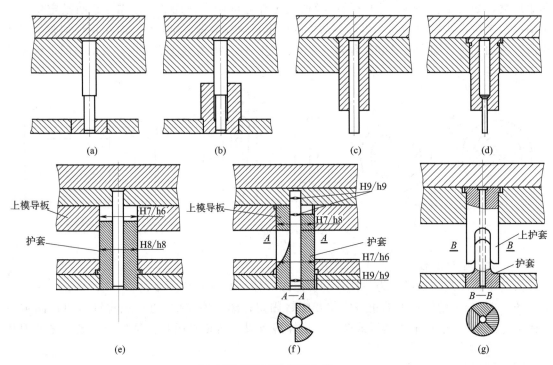

图1-28　冲小孔凸模

2. 凸模长度计算

凸模长度的确定主要要根据模具结构、操作安全、修磨和装配等因素来确定。

当采用固定卸料板和导料板时，如图1-29（a）所示，其凸模长度为：

$$L=h_1+h_2+h_3+h \tag{1-37}$$

当采用弹性卸料板时，如图1-29（b）所示，其凸模长度为：

$$L=h_1+h_2+t+h \tag{1-38}$$

式中，h_1 为凸模固定板厚度，mm；h_2 为卸料板厚度，mm；h_3 为导料板厚度，mm；t 为材料厚度，mm；h 为附加长度，mm，一般为 $15\sim20$mm，包括：凸模进入凹模深度、凸模修模量和模具闭合状态下卸料板到凸模固定板的安全距离。

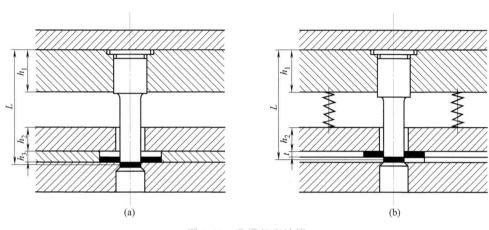

(a)   (b)

图 1-29　凸模长度计算

表 1-29 学
习记录表

"连接片落料模凸、凹模结构设计"学习记录表和学习评价表见表 1-29、表 1-30。

表 1-29 "连接片落料模凸、凹模结构设计"学习记录表

连接片落料模凸、凹模结构设计	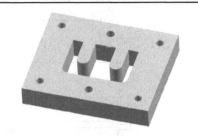 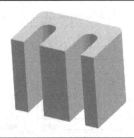

连接片落料模凸、凹模结构设计		
序号	项目	结论
1	连接片落料模凹模的刃口形式及固定方式	
2	连接片落料模凹模外形尺寸确定	
3	连接片落料模凸模的结构形式及固定方式	
4	连接片落料模凸模长度确定	

结论：

表 1-30 学习评价表

表 1-30 "连接片落料模凸、凹模结构设计" 学习评价表

班级		姓名		学号		日期	
任务名称			连接片落料模凸、凹模结构设计				

自我评价	评价内容			掌握情况	
	1	凹模的刃口形式		□是	□否
	2	凹模的固定方式		□是	□否
	3	凹模的尺寸确定		□是	□否
	4	凸模的结构形式		□是	□否
	5	凸模的固定方式		□是	□否
	6	凸模的高度确定		□是	□否
	7	凸、凹模的图纸绘制		□是	□否
	学习效果自评等级：□优　　□良　　□中　　□合格　　□不合格				
	总结与反思：				

小组合作学习评价	评价内容	完成情况				
	1	合作态度	□优	□良	□中	□合格	□不合格
	2	分工明确	□优	□良	□中	□合格	□不合格
	3	交互质量	□优	□良	□中	□合格	□不合格
	4	任务完成	□优	□良	□中	□合格	□不合格
	5	任务展示	□优	□良	□中	□合格	□不合格
	学习效果小组自评等级：□优　　□良　　□中　　□合格　　□不合格					
	小组综合评价：					

教师评价	学习效果教师评价等级：□优　　□良　　□中　　□合格　　□不合格
	教师综合评价：

任务 1.7 连接片落料模模架选择

【任务描述】

根据凹模周界尺寸大小，从冷冲压模具国家标准 GB/T 23565.3—2009（冲模标准模架）中确定模架规格参数。

【任务实施】

一、模架的选择

结合零件特点，本模具选用后侧导柱导向模架，便于条料的送进，通过查阅后侧导柱导向模架标准（GB/T 23565.3—2009），选用模架的规格为 $160 \times 100 \times (140 \sim 170)$。其中上模座尺寸为 $160 \times 100 \times 35$，下模座尺寸为 $160 \times 100 \times 40$，导柱尺寸为 $\phi 25 \times 130$，导套尺寸为 $\phi 25 \times 85 \times 33$。

二、模柄的选择

按照初选的 J23-25 型号压力机参数，模柄的直径应与压力机滑块上的模柄孔孔径相适应，模柄的尺寸取 $\phi 30 \times 55$。选取模柄采用带凸缘的结构形式，采用螺钉、销钉与上模座紧固在一起。

【知识链接】

一、模架的分类认知

模架是模具的支撑部件，所有的模具零件全部安装在模架上，并且承受冲裁时的全部载荷。冲模模架由上、下模座及导向装置（导柱与导套）组成。

依据国家标准，模架按导向形式不同，有冲压模具滑动导向模架、冲压模具滚动导向模架、冲压模具滑动导向钢板模架、冲压模具滚动导向钢板模架、冲压模具导板模架。其中滑动式导柱导套的导向装置为最常见的形式。冲压模具滑动导向模架的结构形式，按导柱在模座上固定位置的不同，可分为后侧导柱模架（GB/T 2851—2008）、中间导柱模架、四导柱模架（GB/T 2852—2008）、对角导柱模架；模架由上模座、下模座、导柱、导套四个部分组成。常见的滑动导向模架结构形式如图 1-30 所示。

(a) 后侧导柱模架　　(b) 中间导柱模架　　(c) 四导柱模架　　(d) 对角导柱模架

图 1-30　常见滑动导向模架结构形式

二、模架的主要零件选用

1. 上、下模座

上、下模座的作用是直接或间接地安装冲模的所有零件，分别与压力机滑块和工作台连接，传递压力。模座如果强度不足会导致模具破坏；如果刚度不足，会产生较大的弹性变形，导致模具的工作零件和导向零件迅速磨损。

中、小型模架的上模座通过模柄固定在压力机的滑块上，大型模架上模座通过螺钉、压板固定在压力机的滑块上。下模座通过螺钉、压板固定在压力机的工作台上。上、下模通过安装在其上的导向装置来保持其位置精度。

模座在选用和设计时应注意如下几点。

尽量选用标准模架，而标准模架的形式和规格就决定了上、下模座的形式和规格。圆形模座的直径应比凹模板直径大 30～70mm；

矩形模座的长度应比凹模板长度大 40～70mm，宽度可以略大于或等于凹模板的宽度，厚度为凹模板厚度的 1.0～1.5 倍；

所选用或设计的模座必须与所选压力机的工作台和滑块的有关尺寸相适应，并进行必要的校核。

铸铁模架上、下模座的材料一般选用 HT200、ZG310～570，钢板模架上、下模座的材料一般选用 Q235、45 钢。

模座的上、下表面的平行度公差一般为 4 级，上、下表面粗糙度为 $Ra0.8～3.2\mu m$。

上、下模座的导套、导柱安装孔中心距精度在 ±0.02mm 以下；安装滑动式导柱和导套时，其轴线与模座的上、下平面垂直度公差为 4 级。

2. 导向零件

导向零件主要包括导柱、导套。它的主要作用有导向、定位、承受一定的侧向压力、方便模具在设备上的安装。导向方式有滑动导向、滚动导向两种。导柱一般采用两个，大型模具或要求精密的模具可用四个，分别装在四角或对称位置上。导柱、导套的国家标准结构如图 1-31、图 1-32 所示。

滑动导柱、导套的材料常采用 20 钢，热处理方式为表面渗碳淬火，渗碳层深度为 0.8～

冲模滑动
导向装置
参数

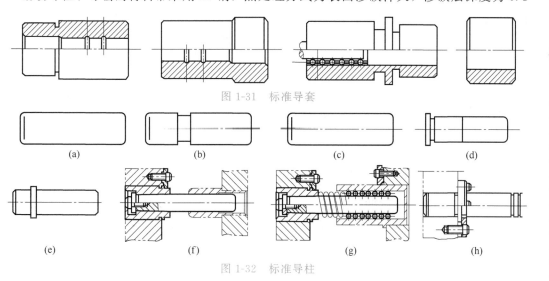

图 1-31　标准导套

(a)　　　　　(b)　　　　　(c)　　　　　(d)

(e)　　　　　(f)　　　　　(g)　　　　　(h)

图 1-32　标准导柱

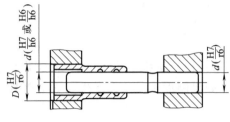

图 1-33 导套、导柱与模座的配合

1.2mm，硬度为 58～62HRC。导柱与导套、导柱与模座的配合见图 1-33。

滚珠导向导柱、导套是一种无间隙、精度高、寿命长的精密导向装置，适用于高速冲模、精密冲裁模以及硬质合金模具的冲压工作。如图 1-34 所示为常见的滚珠导柱、导套的结构形式。滚珠导柱、导套的材料采用 Gr15，硬度为 8～62HRC。

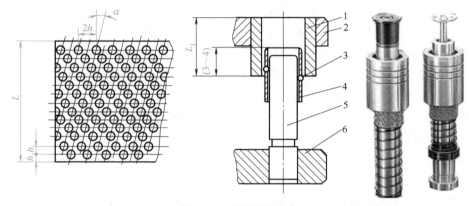

图 1-34 滚珠导柱导套

1—导套；2—上模座；3—滚珠；4—滚珠夹持圈；5—导柱；6—下模座

3. 模柄

模柄的作用是将上模固定在压力机的滑块上，因此模柄的直径应与压力机滑块上的模柄孔孔径相适应，其长度不得大于压力机滑块内模柄孔的深度。模柄材料常选用 45 钢或 Q235。

常用的模柄形式如图 1-35 所示。图（a）是模柄与上模座做成一体的形式，用于小型模具；图（b）为压入式模柄，它与上模座成 H7/h6 的配合并加防转销防转，主要用于上模座较厚或上模较重的模具；图（c）为旋入式模柄，通过螺纹与上模座连接，并加防转销钉，模具刃口需要修磨时装拆方便，主要适用于有导柱、导套的中小型模具；图（d）为带凸缘的模柄，用于较大的模具；图（e）、（f）是常用的浮动模柄，因为它有球面垫片，可以消除压力机导向误差对模具导向精度的影响，主要用于硬质合金等精密冲模；图（e）用于大型模具；图（f）用于小型模具。

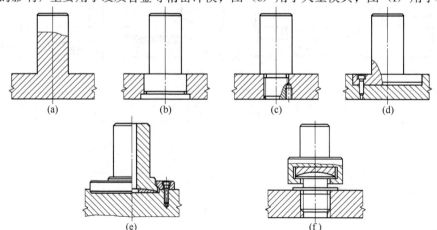

图 1-35 常用的模柄形式

【检测评价】

"连接片落料模模架选择"学习记录表和学习评价表见表 1-31、表 1-32。

表 1-31 "连接片落料模模架选择"学习记录表

连接片落料模模架选择	

表 1-31 学习记录表

连接片落料模模架选择

序号	项目	结论
1	模架类型的选择	
2	模座尺寸的确定	
3	导向机构的确定	
4	模柄的选择	

结论：

表 1-32 学习评价表

表 1-32 "连接片落料模模架选择" 学习评价表

班级		姓名		学号		日期	
任务名称			连接片落料模模架选择				

自我评价	评价内容			掌握情况	
	1	模架类型的选择		□是	□否
	2	模座尺寸的确定		□是	□否
	3	导向机构的确定		□是	□否
	4	模柄的选择		□是	□否
	学习效果自评等级：□优　　□良　　□中　　□合格　　□不合格				
	总结与反思：				

小组合作学习评价	评价内容	完成情况				
	1	合作态度	□优	□良	□中	□合格　□不合格
	2	分工明确	□优	□良	□中	□合格　□不合格
	3	交互质量	□优	□良	□中	□合格　□不合格
	4	任务完成	□优	□良	□中	□合格　□不合格
	5	任务展示	□优	□良	□中	□合格　□不合格
	学习效果小组自评等级：□优　　□良　　□中　　□合格　　□不合格					
	小组综合评价：					

教师评价	学习效果教师评价等级：□优　　□良　　□中　　□合格　　□不合格
	教师综合评价：

任务 1.8   连接片落料模其他零件设计

【任务描述】

结合前期学习任务确定连接片落料模的定位零件、卸料装置、凸模固定板和垫板等设计方案。

【基本概念】

定位零件：用来保证条料或坯料正确送进及在模具中的正确位置的零件。

【任务实施】

一、定位零件的设计

本模具采用位于条料同侧的两个 $\phi 8 \times 6$mm 导料销来控制送料方向，导料销按 H7/m6 过渡配合装在凹模上。依靠一个 $\phi 8 \times 3$mm 的固定挡料销实现进料步距的控制，按 H7/m6 过渡配合装在凹模上。

二、卸料方式设计

1. 卸料结构的确定

连接片冲裁模具采用弹性卸料装置，依靠弹簧、卸料板和卸料螺钉将零件从凸模上卸下。

2. 卸料螺钉的设计

结合产品特点，本套模具选取 4 个 M6 规格的卸料螺钉。

3. 卸料行程的确定

$$h_{卸料} = t + a + b + \Delta d = 1.5 + 0.5 + 3 + 2 = 7 \text{（mm）}$$

式中，t 为板厚，取 1.5mm；a 为凸模进入凹模的深度，$a = (0.5 \sim 1)$mm；b 为凸模在卸料板内移动的距离（凸模不能脱离卸料板），$b = (3 \sim 5mm)$；Δd 为凸模磨损后的预磨量，$\Delta d = 2$mm。

4. 弹簧的工作压力计算

根据模具的总体设计方案和卸料力的大小，选择 4 个弹簧进行卸料。

$$P = F_{卸} / n = 8100 / 4 = 2025 \text{（N）}$$

5. 初选弹簧

根据 GB/T 2089—2009，初选弹簧参数：$D = 18$mm，$d = 3$mm，$H_0 = 35$mm，$n = 4.5$。

6. 弹簧校核

绘图过程中，通过检查发现弹簧的装配长度（即弹簧的压缩后长度=弹簧的自由长度-预变形量）、根数、直径符合模具结构空间尺寸。

三、凸模固定板与垫板设计

1. 凸模固定板的设计

凸模固定板已标准化，根据厚度和轮廓尺寸查表可选用标准固定板。固定凸模用的型孔与凸模的固定部分相适应，型孔位置与凹模型孔位置协调一致。固定板的厚度按凹模厚度的0.6～0.8确定，一般取16～20mm，本模具选取固定板的厚度为16mm。

2. 垫板的设计

垫板已标准化，根据垫板厚度和轮廓尺寸查可选取标准垫板。本模具垫板的厚度取8mm，轮廓尺寸的选取与凹模板的一致。

【知识链接】

一、定位零件

定位是为了保证模具能冲出合格的产品，必须保证冲压材料与模具刃口处于正确的位置。对于冲裁模，定位对象主要有条料与工序件的定位两种。

1. 条料定位

条料的定位主要是控制条料的运动，在送料平面，条料必须有两个方向的定位：一是保证条料沿正确的方向送进，称为送进导向，主要零件是导料板与导料销。二是控制条料一次送进的距离（步距）称为送料定距，主要零件是挡料销。

（1）导料板

导料板（导尺）的作用是保证条料的送料方向，即保证条料直线运动，其标准结构如图1-36所示。导料板有两种结构形式，一种是与卸料板分开制造，另一种是与固定卸料板做成一体的结构。大多数模具，特别是冲薄料时，都用两块导料板导向，这样送料比较准确。如果条料公差很大，也可只要一块，送料操作时要求将条料压向导料板的一侧，以便和凹模保持一定的位置关系，从而冲出合格的制件。

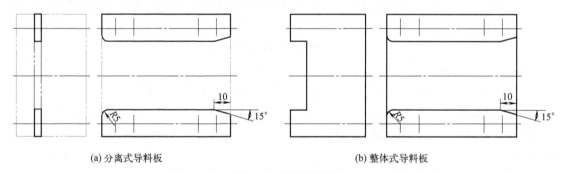

(a) 分离式导料板   (b) 整体式导料板

图1-36 标准导料板

导料板厚度 H 根据制件料厚和挡料销的高度而定，具体见表1-33。工作时条料在导料板内移动，前面有挡料销挡住，条料要通过，必须抬起条料，从挡料销上面通过。因此，导料板厚度是挡料销头部高度加上条料厚度再加上一定的间隙。

导料板的长度 L 一般大于或等于凹模长度。导料板固定螺孔一般与凹模相同，宽度 B 根据凹模外形尺寸设计，保证导料板的外形与凹模外形重合。

（2）导料销

在保证条料直线移动时，有时采用导料销。一般在条料的同一侧设置两个导料销，为了保证定位的可靠性，两销的距离尽可能大。从右向左送料时，导料销安装在后侧；从前向后送料时，导料销装在左侧。导料销可设在凹模面上（一般为固定式）；也可以设在弹性卸料板上（一般为活动式）；还可以设在固定板或下模座平面上（一般称导料螺柱）。活动式导料销形式参照图1-37。

表 1-33　导料板高度与固定挡料销高度　　　　　　　　　　　　单位：mm

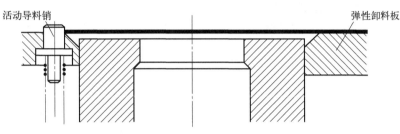

材料厚度	挡料销高度	导料板高度
0.3～2.0	3	6～8
2.0～3.0	4	8～10
3.0～4.0	4	10～12
4.0～6.0	5	12～15
6.0～10	8	15～25

图 1-37　活动导料销的形式

（3）挡料销

挡料销是控制条料送进距离的零件，根据工作特点及作用分为固定挡料销、活动挡料销，其结构形式如表 1-34 所示。标准结构的圆形挡料销结构简单、制造容易，但销孔离凹模刃口较近会削弱凹模强度，固定挡料销的尺寸规格如表 1-35 所示。

表 1-34　固定和活动挡料销的结构形式

形　式	简　图	特点及适用范围
圆柱头固定挡料销		①此种挡料销结构简单，制造方便，当固定部分和工作部分的直径差别较大时，不至于削弱凹模的强度。 ②一般装在凹模上，适用于带固定卸料板或弹性卸料板的模具，应用较广
钩形头固定挡料销		①此挡料销头部为钩形，需加防转销，加工不如圆柱头挡料销方便。但优点是挡料销的固定孔可离凹模刃口更远一些，故凹模刃口强度更不会受影响。 ②一般装在凹模上，只有当采用圆柱头挡料销会削弱凹模刃口强度时，才采用此钩形挡料销

形 式	简 图	特点及适用范围
回带式活动挡料销		①此种挡料销装在固定卸料板上，条料向前送进时挡料销被抬高，当搭边越过挡料销后簧片将挡料销压下，但定位时，需将条料回抽一下，使搭边被挡住，故操作不方便，影响生产率。 ②适用于冲裁宽为 6~20mm、料厚大于 0.8mm 的窄形工件
弹压式活动挡料销		①此种挡料销装在弹性卸料板上，冲压时被压入卸料板孔内，上模回程时由弹簧、簧片或橡胶将其顶起，以待下一次冲程时定位。 ②常用在带有弹性卸料板的倒装复合模或落料模上

表 1-35　固定挡料销的尺寸规格　　　　　　　单位：mm

d（h11）		d_1（m6）		h	L
基本尺寸	极限偏差	基本尺寸	极限偏差		
6	0 −0.075	3	+0.008 +0.002	3	8
8	0 −0.090	4	+0.012 +0.004	2	10
10				3	13
16	0 −0.110	8	+0.015 +0.006	3	13
20		10			16
25	0 −0.130	12	+0.018 +0.007	4	20

二、卸料方式

从凸模卸下工件或废料的装置称为卸料装置。模具卸料方式有刚性卸料和弹性卸料两类。

1. 刚性卸料装置

刚性卸料装置又称固定卸料装置，它的卸料力大，结构简单，工作可靠，故障少，一般是将卸料板和导料板做成一体，常用于板料较厚、较硬、精度要求不高、冲裁力较大的落料模。常用结构如图 1-38 所示。图（a）卸料板与导料板为一整体；图（b）卸料板与导料板是分开的；图（c）、（d）一般用于成形后的工序件卸料。

固定卸料板厚度一般为 6~20mm，板料薄时取小值，板料厚时取大值。其长宽与凹模相同。当卸料板仅起卸料作用时，凸模与卸料板的双边间隙取决于板料厚度，一般在 0.2~0.5mm 之间，当固定卸料板兼起导板作用时，一般按 H7/h6 配合制造，但应保证导板与凸模之间间隙小于凸、凹模之间的冲裁间隙，以保证凸、凹模的正确配合。

2. 弹性卸料装置

弹性卸料装置既起压料作用也起卸料作用，所得冲件平直度较高。主要用于冲裁零件质量较好的冲裁件或薄板冲裁，常用结构如图 1-39 所示。图（a）是最简单的形式，它直接用

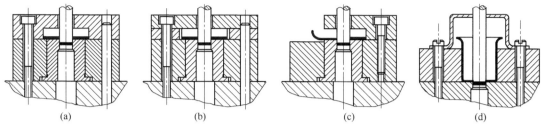

图 1-38　固定卸料板

卸料橡胶卸料，主要用于生产量少的简单冲裁模中。图（b）是弹压卸料板经典结构，通常由卸料板、弹性元件和卸料螺钉组成。图（c）是以弹压卸料板作为细长凸模的导向，卸料板本身又以两个以上的小导柱导向，以免弹压卸料板产生水平摆动，从而起保护小凸模的作用。这种结构卸料板与凸模按 H7/h6 制造，但其间隙应比凸、凹模间隙小。凸模与固定板则以 H7/h6 或 H8/h7 配合。这种结构多用于小孔冲模、精密冲模和多工位级进模中。

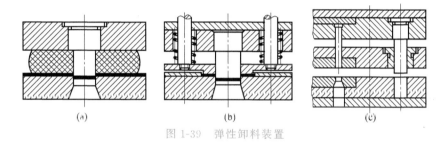

图 1-39　弹性卸料装置

3. 卸料螺钉的设计

卸料螺钉的结构形式如表 1-36 所示，具体结构尺寸确定如下。

表 1-36　卸料螺钉的尺寸规格　　　　　　　　　　　　　　　　单位：mm

M	4	6	8	10	12
d	6	8	10	12	14
d_1	6.5	8.5	10.5	13	15
D	9	12	14.5	17	20
D_1	8.5	11.5	13.5	16.5	19.5
h_1（圆头）	3.5	5	6	7	8
h_1（内六角）	4	6	8	10	12
h	铸铁模架：$h \geqslant d$；钢制模架：$h \geqslant 0.75d$				
h_2	卸料板行程				
h_3	垫板厚度				
h_4	固定板厚度				
h_5	卸料板与固定板之间的安全距离				
L	螺杆长度				
H	卸料板厚度—（1~2mm）				

注：一副模具中若有若干个卸料螺钉，在设计制造时必须保证尺寸 L 一致，从而确保卸料板与凸模垂直。

三、凸模固定板与垫板

凸模固定板的作用是将凸模安装在上模座或下模座的正确位置上。其外形常为矩形或圆形，尺寸通常与凹模一致，厚度可为凹模厚度的 $60\% \sim 80\%$。

一般凸模固定板与凸模呈 H7/n6 或 H7/m6 配合，压装后应将凸模尾部与固定板一起磨平。对浮动式凸模采用间隙配合。

垫板为淬火钢板，用以承受凸模的压力，避免上模座因为冲裁力过大而被压出凹坑，导致凸模上下蹿动。

垫板的作用是防止凸模尾端挤压损伤模座。当凸模尾端单位压力超过模座的许用挤压应力时，就须在凸模支承面上加一淬硬磨平的垫板。

【检测评价】

"连接片落料模其他零件设计"学习记录表和学习评价表见表 1-37、表 1-38。

表 1-37 学
习记录表

表 1-37 "连接片落料模其他零件设计"学习记录表

连接片落料模其他零件的设计	

连接片落料模其他零件设计		
序号	项目	结论
1	定位零件的设计	
2	卸料方式的确定	
3	凸模固定板的设计	
4	垫板的设计	

结论：

表 1-38 学习评价表

表 1-38 "连接片落料模其他零件设计"学习评价表

班级			姓名		学号		日期	
任务名称				连接片落料模其他零件设计				

自我评价	评价内容			掌握情况	
	1	导料销、挡料销的设计		□是	□否
	2	卸料螺钉的设计		□是	□否
	3	卸料行程的确定		□是	□否
	4	弹簧的选择与校核		□是	□否
	5	凸模固定板的设计		□是	□否
	6	垫板的设计		□是	□否
	学习效果自评等级：□优　　□良　　□中　　□合格　　□不合格				
	总结与反思：				

小组合作学习评价	评价内容	完成情况				
	1　合作态度	□优	□良	□中	□合格	□不合格
	2　分工明确	□优	□良	□中	□合格	□不合格
	3　交互质量	□优	□良	□中	□合格	□不合格
	4　任务完成	□优	□良	□中	□合格	□不合格
	5　任务展示	□优	□良	□中	□合格	□不合格
	学习效果小组自评等级：□优　　□良　　□中　　□合格　　□不合格					
	小组综合评价：					

教师评价	学习效果教师评价等级：□优　　□良　　□中　　□合格　　□不合格
	教师综合评价：

任务 1.9　连接片落料模装配图绘制

【任务描述】

在前面工作任务完成的基础上，绘制连接片落料模的装配图和模具主要零件的零件图。

【任务实施】

一、连接片落料模装配图绘制

对连接片落料模装配图画出合模的工作状态，有助于校核各模具零件之间的相互关系，装配图采用1∶1的比例。主视图剖面的选择，重点反映凸模的固定、凸模刃口的形状、模柄与上模座间的安装关系、凹模的安装关系、凹模的刃口形状、漏料孔的形状、各模板间的安装关系（即螺钉、销钉如何安装）、导向系统与模座安装关系（即导柱与下模座、导套与上模座的装配关系）等。连接片落料模装配图绘制如图 1-40 所示。

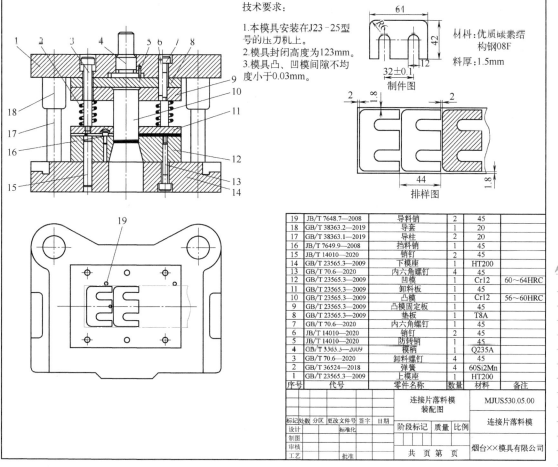

图 1-40　连接片落料模装配图

二、连接片落料模主要零件的零件图绘制

连接片落料模凹模零件图的绘制如图 1-41 所示，凸模的零件图绘制如图 1-42 所示。

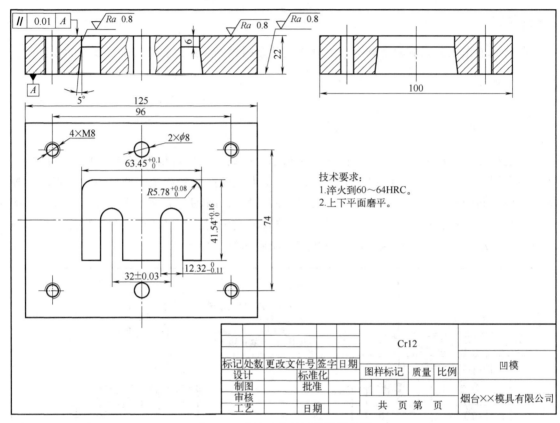

技术要求：
1.淬火到60～64HRC。
2.上下平面磨平。

标记	处数	更改文件号	签字	日期	Cr12			凹模
设计		标准化			图样标记	质量	比例	
制图		批准						
审核								烟台××模具有限公司
工艺		日期			共　页　第　页			

图 1-41　连接片落料模凹模零件图

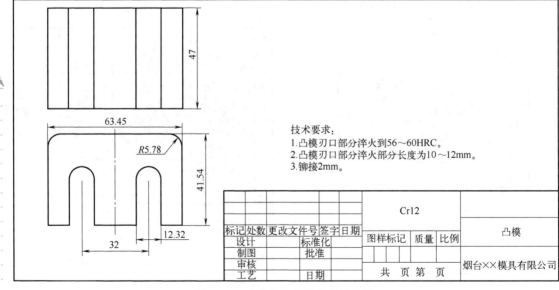

技术要求：
1.凸模刃口部分淬火到56～60HRC。
2.凸模刃口部分淬火部分长度为10～12mm。
3.铆接2mm。

标记	处数	更改文件号	签字	日期	Cr12			凸模
设计		标准化			图样标记	质量	比例	
制图		批准						
审核								烟台××模具有限公司
工艺		日期			共　页　第　页			

图 1-42　连接片落料模凸模零件图

【知识链接】

一、装配图的设计绘制

1. 装配图的图面布局

模具装配图的图面布局如图 1-43 所示。

① 图纸幅面尺寸。按国家标准的有关规定选用，并按规定画出图框，最小图幅为 A4。

② 图面布局。图面右下角是明细表；图面右上角画出用该套模具生产出来的制件零件图，其下面画出制件排样方案图或制备毛坯的工序图；图面剩余部分画模具的主、俯视图及辅助视图，并注明技术要求。

2. 装配图视图的画法

① 按已确定的模具形式及参数，在冷冲模标准中选取标准模架。根据模具结构简图绘制装配图。

② 装配图应能清楚地表达各零件之间的关系，应有足够说明模具结构的投影图及必要的剖面、剖视图，还应画出工件图、排样图，填写零件明细表和技术要求等。

③ 装配图的绘制除遵守机械制图的一般规定外，还有一些习惯或特殊固定的绘制方法，绘制模具总装配图的具体要求如下：

a. 模具图。一般情况下，用主视图和俯视图表示模具结构，应尽可能在主视图中将模具的所有零件剖视出来，可采用阶梯剖视、旋转剖视或两者混合用，也可采用全剖视、半剖视、阶梯剖视、局部剖视、向视图等方法。绘制出的视图要处于闭合状态或接近闭合状态，也可一半处于工作状态，另一半处于非工作状态。俯视图只绘出下模或上、下模各半的视图。有必要时再绘制一个侧视图以及其他剖视图和部分视图。

在剖视图中所剖切到的凸模和顶件块等旋转体，其剖面不画剖面线；有时为了图面结构清晰，非旋转形的凸模也可不画剖面线。

b. 工件图。工件图是经模具冲压后所得到的冲压件图形。有落料工序的模具，还应画出排样图。工件图和排样图一般画在总图的右上角，并注明材料名称、厚度及必要的技术要求。若图面位置不够，或工件较大时，可另立一页。工件图的比例一般与模具图一致，特殊情况下可以缩小或放大。工件的方向应与冲压方向一致（即与工件在模具中的位置一致），若特殊情况下不一致时，必须用箭头注明冲压方向。

c. 排样图。排样图应包括排样方法、定距方式（用侧刃定距时侧刃的形状和位置）、材料利用率、步距、搭边、料款及其公差，对有弯曲、卷边工序的零件要考虑材料的纤维方向。通常从排样图的剖切线上可以看出是单工序模还是连续模或复合模。

3. 装配图的尺寸标注

（1）主视图上标注的尺寸

① 注明轮廓尺寸、安装尺寸及配合尺寸，如长、宽等。②注明封闭高度尺寸，要写上"闭合高度 XXX"字样。③带斜楔的模具应标出滑块行程尺寸。

（2）俯视图上应注明的尺寸

① 注明下模外轮廓尺寸。②在图上用双点画线画出毛坯的外形。③与本模具有相配的附件时（如打料杆、推件器等），应标出装配位置尺寸。

4. 冲裁模装配的技术要求

在模具总装配图中，只需要注明对该模具的要求和注意事项，在右下方适当位置注明技术要求。技术要求包括冲压力、所选设备型号、模具闭合高度以及模具打印，冲裁模要注明模具间隙等。

二、冲裁模零件图视图的画法

模具零件图是冲模零件加工的唯一依据，包括制造和检验零件的全部内容。

1. 零件图的布局

按照模具的总装配图，拆绘模具零件图。零件图的一般布置情况如图 1-44 所示。

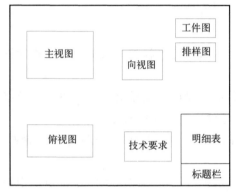

图 1-43　模具装配图的图面布局

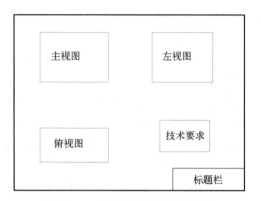

图 1-44　模具零件图的图面布局

2. 冲裁模零件图视图的画法

① 模具零件图既要反映出设计意图，又要考虑到制造的可能性及合理性，零件图设计的质量直接影响冲模的制造周期及造价。因此，好的零件图可以减少废品，方便制造，降低模具成本，提高模具使用寿命。

② 目前大部分模具零件已标准化，可供设计时选用，这样大大简化了模具设计，缩短了设计及制造周期。一般标准件不需要绘制，模具总装配图中的非标准零件均需绘制零件图。

有些标准零件（如上、下模座）需要在其上进行加工，也要求画出零件图，并标注加工部位的尺寸公差。

③ 视图的数量力求最少，充分利用所选的视图准确地表示零件内部和外部的结构形状和尺寸大小，并具备制造和检验零件的数据。

④ 最好按总装配图的位置画，与总装配图的同一零件剖面线一致。设计基准与工艺基准最好重合且选择合理，尽量以一个基准标注。

3. 冲模零件图的尺寸标注

① 零件图中的尺寸是制造和检验零件的依据，故应慎重、细致地标注。尺寸既要完备，同时又不重复。在标注尺寸前，应研究零件的工艺过程，正确选定尺寸的基准面，以利于加工和检验。

② 零件图的方位应尽量按其在总装配图中的方位画出，不要任意旋转和颠倒，以防画错，影响装配。

③ 所有的配合尺寸或精度要求较高的尺寸都应标公差（包括表面形状及位置公差），未

注尺寸公差按 IT14 级制造。

④ 模具工作零件（如凸模、凹模和凸凹模）的工作部分尺寸按计算结果标注。

⑤ 所有的加工表面都应注明粗糙度等级，正确确定表面粗糙度等级是一项重要的技术经济工作。一般来说，零件表面粗糙度等级可根据对各个表面的工作要求及精度等级来确定。

4. 冲裁模具零件图技术要求

凡是图样或符号不便于表示，而制造时又必须保证的条件和要求都应在技术条件中注明。技术条件的内容随零件的不同、要求的不同及加工方法的不同而不同。其中主要应注明以下内容：

① 如热处理方法及热处理表面应达到的硬度等。

② 表面处理、表面涂层以及表面修饰（如锐边倒钝、清砂）等要求。

③ 未注倒角半径的说明，个别部位的修饰加工要求。

④ 其他特殊要求。

【检测评价】

"连接片落料模装配图绘制"学习记录表和学习评价表见表 1-39、表 1-40。

表 1-39 "连接片落料模装配图绘制"学习记录表

表 1-39 学习记录表

连接片落料模装配图的绘制	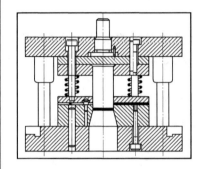 

连接片落料模装配图绘制

序号	项目	结论
1	连接片落料模装配图的绘制	
2	连接片落料模主要零件的零件图绘制	

结论：

表 1-40 学习评价表

表 1-40 "连接片落料模装配图绘制"学习评价表

班级			姓名		学号		日期	
任务名称		\multicolumn{7} 连接片落料模装配图绘制						

<table>
<tr><td rowspan="7">自我评价</td><td colspan="3" align="center">评价内容</td><td colspan="2" align="center">掌握情况</td></tr>
<tr><td>1</td><td colspan="2">连接片落料模装配图的绘制</td><td>□是</td><td>□否</td></tr>
<tr><td>2</td><td colspan="2">连接片落料模凸模零件图绘制</td><td>□是</td><td>□否</td></tr>
<tr><td>3</td><td colspan="2">连接片落料模凹模零件图绘制</td><td>□是</td><td>□否</td></tr>
<tr><td colspan="5">学习效果自评等级：□优　　□良　　□中　　□合格　　□不合格</td></tr>
<tr><td colspan="5" valign="top">总结与反思：</td></tr>
</table>

<table>
<tr><td rowspan="8">小组合作
学习评价</td><td colspan="2" align="center">评价内容</td><td colspan="5" align="center">完成情况</td></tr>
<tr><td>1</td><td>合作态度</td><td>□优</td><td>□良</td><td>□中</td><td>□合格</td><td>□不合格</td></tr>
<tr><td>2</td><td>分工明晰</td><td>□优</td><td>□良</td><td>□中</td><td>□合格</td><td>□不合格</td></tr>
<tr><td>3</td><td>交互质量</td><td>□优</td><td>□良</td><td>□中</td><td>□合格</td><td>□不合格</td></tr>
<tr><td>4</td><td>任务完成</td><td>□优</td><td>□良</td><td>□中</td><td>□合格</td><td>□不合格</td></tr>
<tr><td>5</td><td>任务展示</td><td>□优</td><td>□良</td><td>□中</td><td>□合格</td><td>□不合格</td></tr>
<tr><td colspan="7">学习效果小组自评等级：□优　　□良　　□中　　□合格　　□不合格</td></tr>
<tr><td colspan="7" valign="top">小组综合评价：</td></tr>
</table>

<table>
<tr><td rowspan="2">教师评价</td><td>学习效果教师评价等级：□优　　□良　　□中　　□合格　　□不合格</td></tr>
<tr><td valign="top">教师综合评价：</td></tr>
</table>

垫片落料冲孔复合模具设计

 学习目标

【知识目标】

1. 掌握冲裁模具设计流程及要点；
2. 熟练掌握冲压工序组合形式及区别；
3. 掌握复合模具工艺尺寸设计；
4. 掌握刃口尺寸计算方法及原则；
5. 掌握复合模具工作零件结构设计；
6. 掌握复合模具常用结构零件设计。

【能力目标】

1. 能够分析冲压件工艺性，制定冲压工艺方案；
2. 能够区分倒装与正装复合模具结构特点并正确应用；
3. 能够根据冲压件的废品形式分析其产生原因，制定解决措施；
4. 能够查阅资料获取信息，自主学习新知识、新技术、新标准，具备可持续发展的能力；
5. 具有融会贯通应用知识的能力，具有逻辑思维与创新思维能力。

【素质目标】

1. 坚决拥护中国共产党领导，具有深厚的爱国情感、国家认同感、中华民族自豪感；
2. 崇德向善、诚实守信、爱岗敬业，具有精益求精的工匠精神；
3. 尊重劳动、热爱劳动，具有较强的实践能力；
4. 具有质量意识、环保意识、安全意识、信息素养、创新精神；
5. 具有较强的团队合作精神，能够进行有效的人际沟通和协作；
6. 具有健康的体魄和心理、健全的人格，养成良好的健身与卫生习惯，能够掌握基本运动知识和一两项运动技能。

项目二测
试题及参
考答案

项目一 垫片落料冲孔复合模具设计

任务2.1 垫片冲裁工艺性分析
- 1.结构工艺性分析
- 2.精度和断面粗糙度分析
- 3.冲裁件材料分析
- 4.冲裁件厚度分析

任务2.2 垫片冲裁工艺方案制定
- 1.正装与倒装复合模的区别
- 2.常见复合冲压工序组合方式

任务2.3 垫片复合模冲裁排样设计
- 1.排样方式确定
- 2.确定搭边值
- 3.条料宽度计算
- 4.送料步距计算
- 5.绘制排样图
- 6.计算材料利用率

任务2.4 垫片复合模冲压力计算及压力机初选
- 1.冲裁力的计算
- 2.推件力的计算
- 3.卸料力的计算
- 4.顶件力的计算
- 5.总压力的计算和压力机初选
  - ❶ 弹性卸料装置——上出料方式
  - ❷ 弹性卸料装置——下出料方式
  - ❸ 刚性卸料装置——下出料方式
  - ❹ 压力机型号、结构及参数
- 6.压力中心的计算

任务2.5 垫片复合模刃口尺寸计算
- 1.确定复合模的冲裁间隙
- 2.凸模刃口尺寸计算
- 3.凹模刃口尺寸计算
- 4.凸凹模刃口尺寸计算
  - ❶ 分开加工法
  - ❷ 配做法

任务2.6 垫片复合模工作零件结构设计
- 1.落料凹模的结构设计
- 2.冲孔凸模的结构设计
- 3.凸凹模的结构设计

任务2.7 垫片复合模模架选择
- 模架的选择
  - ❶ 模架选择
  - ❷ 模架校核

任务2.8 垫片复合模其他零件设计
- 1.定位零件的设计
- 2.卸料零件的设计
- 3.凸模固定板的设计
- 4.凸凹模固定板的设计
- 5.垫板的设计
- 6.复合模常用推出装置结构
- 7.复合模设计要点

任务2.9 垫片复合模装配图绘制
- 1.垫片复合模装配图绘制
- 2.垫片复合模主要零件零件图绘制

导入项目:

　　某模具厂接到 A 公司的订单,为图 2-1 所示的垫片零件设计一套冲裁模具。已知垫片材料为 Q235,厚度为 1mm,大批量生产。请你按照客户要求,制定冲压工艺方案,完成零件模具设计,工作过程需符合 6S 规范。

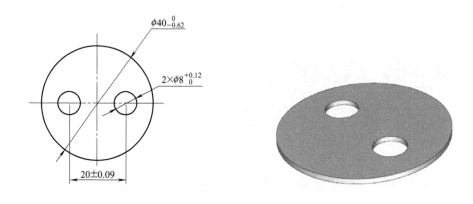

图 2-1　垫片零件图

任务 2.1　垫片冲裁工艺性分析

【任务描述】

　　根据垫片的结构特点、材料及厚度等,分析其冲裁工艺性,确定工艺方案。

【基本概念】

　　复合模:在压力机的一次行程中,在模具的同一位置同时完成两道或两道以上工序的模具。

　　复合冲裁模:在压力机的一次行程中,可使板料在模具同一工位上同时完成两个或两个以上的冲裁工序。

　　正装复合模:当落料凹模安装在下模时,称为正装式复合模。

　　倒装复合模:当落料凹模安装在上模时,称为倒装式复合模。

【任务实施】

一、结构工艺性分析

　　垫片形状简单,左右对称,最小孔径 8mm,没有尖角,没有细长臂,没有凹槽,最小壁厚 6mm,满足最小壁厚要求。

二、精度和断面粗糙度分析

垫片外形尺寸 $\phi 40_{-0.062}^{0}$ 的精度等级为 IT14，内孔 $\phi 8_{0}^{+0.12}$ 及中心距尺寸 20 ± 0.09 的精度等级均介于 IT11 与 IT12 之间，满足冲裁件的经济精度一般不高于 IT11 级的要求。零件没有提出表面质量要求，取 $Ra\,12.5\mu m$。

三、冲裁件材料分析

零件的材料为 Q235，冲压性能较好。

四、冲裁件厚度分析

厚度 1mm，厚度适中。

结论：综上所述，该零件适合冲裁加工。

【知识链接】

在压力机的一次工作行程中，在模具同一部位同时完成数道分离工序的模具，称为复合冲裁模。复合模的设计难点是如何在同一工作位置上合理地布置好几对凸、凹模。

复合模的特点是：结构紧凑，生产率高，冲裁件精度高，特别是冲裁件对外形的位置度容易保证。但复合模结构复杂，对模具精度要求较高，模具装配精度也要求高，使成本提高。主要用于批量大、精度要求高的冲裁件。

 素养提升

一个垫片毁了一架波音 737 客机

客机降落时，在发动机关闭的状态下起火烧毁，而原因是下止挡组件螺母脱落造成螺栓刺穿油箱漏油。足以见得小小的垫片也是弥足重要的，所以同学们要认真做好垫片冲裁模具的设计，发挥工匠精神，做到精益求精。

"垫片冲裁工艺性分析"学习记录表和学习评价表见表 2-1、表 2-2。

表 2-1 "垫片冲裁工艺性分析"学习记录表

表 2-1 学习记录表

垫片零件图	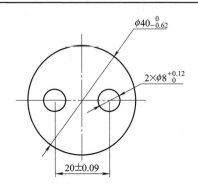

$\phi 40_{-0.62}^{0}$

$2 \times \phi 8_{0}^{+0.12}$

20 ± 0.09

垫片冲裁工艺性分析			
序号		项目	参数	冲裁工艺性
1		形状复杂程度		
2		最小圆角半径		
3	结构	悬臂		
4		凹槽		
5		冲孔最小尺寸		
6		最小孔边距		
7		最小孔间距		
8	尺寸精度 /mm	$\phi 40_{-0.62}^{0}$		
9		$2 \times \phi 8_{0}^{+0.12}$		
10		20 ± 0.9		
11		材料		
12		料厚		

结论：

表 2-2 "垫片冲裁工艺性分析"学习评价表

班级		姓名		学号		日期	

任务名称		垫片冲裁工艺性分析				

		评价内容		掌握情况	
自我评价	1	形状复杂程度分析		□是	□否
	2	最小圆角半径分析		□是	□否
	3	悬臂分析		□是	□否
	4	凹槽分析		□是	□否
	5	冲孔最小尺寸分析		□是	□否
	6	最小孔边距分析		□是	□否
	7	最小孔间距分析		□是	□否
	8	尺寸精度		□是	□否
	9	表面粗糙度		□是	□否

学习效果自评等级：□优　　□良　　□中　　□合格　　□不合格

总结与反思：

	评价内容	完成情况				
小组合作学习评价	1	合作态度	□优	□良	□中	□合格	□不合格
	2	分工明确	□优	□良	□中	□合格	□不合格
	3	交互质量	□优	□良	□中	□合格	□不合格
	4	任务完成	□优	□良	□中	□合格	□不合格
	5	任务展示	□优	□良	□中	□合格	□不合格

学习效果小组自评等级：□优　　□良　　□中　　□合格　　□不合格

小组综合评价：

教师评价	学习效果教师评价等级：□优　　□良　　□中　　□合格　　□不合格
	教师综合评价：

任务 2.2 垫片冲裁工艺方案制定

【任务描述】

根据垫片的结构特点、材料及厚度等，分析其冲裁工艺性，确定工艺方案。

【任务实施】

该零件包括落料、冲孔两个基本工序，可以采用以下三种工艺方案。

方案一：先落料，再冲孔，采用单工序模生产。

方案二：先冲孔，再落料，采用单工序模生产。

方案三：落料-冲孔同时冲裁，采用复合模生产。

方案四：冲孔-落料连续冲压，采用连续模生产。

方案一、方案二模具结构简单，但需要两道工序、两套模具才能完成零件的加工，而且需要考虑后套模具产品的定位问题，生产效率较低，难以满足零件大批量生产的需求。由于零件结构简单，为提高生产效率，主要应采用复合冲裁或级进冲裁方式。由于零件图上尺寸均有公差要求，为了更好地保证此尺寸精度，最后确定用复合冲裁方式进行生产。

结论：由工件尺寸可知，凸凹模壁厚大于最小壁厚，为便于操作，采用倒装复合模及弹性卸料和定位销定位方式。

【知识链接】

倒装式复合模的优点是结构简单，又可以直接利用压力机的打杆装置进行打料，废料能从压力机台面落下，卸件可靠，操作方便安全，生产效率高，并为机械化出件提供有利条件，故应用十分广泛。但不宜冲制孔边距离较小的和平直度要求高的冲裁件。

正装式的优点是顶料器、卸料板都是弹性的，条料和冲裁件同时受到压平作用，适用于材质较软或板料较薄，平直度要求高的冲裁件，冲裁件的精度高，还可以冲制孔边距离较小的冲裁件。缺点是比倒装复合模结构复杂，操作不太方便。两种模具的具体比较见表 2-3。

表 2-3 正、倒装式复合模的比较

类别	落料凹模位置	卸料装置数目	冲件平整性	可冲工件的孔边距	结构复杂程度
正装复合模	下模	三套	好	较小	复杂
倒装复合模	上模	两套	较好	较大	较简单

复合模正、倒装结构的选择，需要综合考虑以下问题。

① 为使操作方便安全，要求冲孔废料不出现在模具工作区域，此时应采用倒装结构，以使冲孔废料通过凸凹模孔向下漏掉。

② 提高凸凹模的强度是复合模设计的首要问题，尤其在凸凹模的壁厚较小时，应考虑采用正装结构。

③ 当凹模的外形尺寸较大时，若上模能容纳凹模，则应优先采用倒装结构。只有当上模不能容纳下凹模时，才考虑采用正装结构。

④ 当制件有较高的平直度要求时，采用正装结构可获得较好的效果。但在倒装式复合

模中采用弹性推件装置时，也可获得与正装式复合模同样的效果。在这种情况下，还是应该优先考虑采用倒装结构。

总之，在保证凸凹模的强度和制件使用要求的前提下，为了操作方便、安全和提高生产率，应尽量采用倒装结构。

【知识拓展】

常见的复合冲压工序组合方式见表2-4，供设计时参考。

表 2-4　复合冲压工序组合方式

工序组合方式	模具结构简图	工序组合方式	模具结构简图
落料和冲孔		落料拉深和切边	
切断和弯曲		冲孔和切边	
冲孔和翻边		落料拉深和冲孔	
落料和拉深		落料拉深和冲孔和翻边	

素养提升

"模具制造狂人"——池昭就

模具从业人员除了需要具备扎实的理论知识外，更需要养成精益求精的工匠精神和劳动精神。广西工匠——池昭就匠心筑梦，"开创内木外塑复合模具工艺，彻底打破国外四气门气道核心技术的垄断，立誓要用技术创新让中国制造变成中国创造"。池昭就24年磨一剑，凭着专注和坚守，靠着传承和钻研，创造了玉柴钳工"三精一法"，这种大国工匠精神需要我们进行传承。

"垫片冲裁工艺方案制定"学习记录表和学习评价表见表 2-5、表 2-6。

表 2-5 "垫片冲裁工艺方案制定"学习记录表

表 2-5 学习记录表

垫片零件图	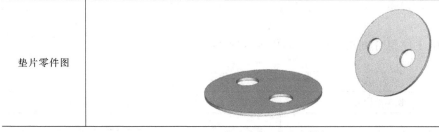

垫片冲裁工艺方案制定

序号	项目	结论
1	确定冲裁工序的性质	
2	确定冲裁工序的数目	
3	冲裁工序的组合	
4	冲裁工序的顺序	

结论：

表 2-6 "垫片冲裁工艺方案制定"学习评价表

班级		姓名		学号		日期	
任务名称			垫片冲裁工艺方案制定				

	评价内容		掌握情况	
	1	确定冲裁工序的性质	□是	□否
	2	确定冲裁工序的数目	□是	□否
	3	冲裁工序的组合	□是	□否
自我评价	4	确定冲裁工序顺序	□是	□否
	5	冲压工序的分类	□是	□否
	6	冲压模具的分类	□是	□否
	7	单工序模、级进模和复合模的比较	□是	□否
	学习效果自评等级：□优　□良　□中　□合格　□不合格			
	总结与反思：			

		评价内容	完成情况				
	1	合作态度	□优	□良	□中	□合格	□不合格
	2	分工明确	□优	□良	□中	□合格	□不合格
小组合作学习评价	3	交互质量	□优	□良	□中	□合格	□不合格
	4	任务完成	□优	□良	□中	□合格	□不合格
	5	任务展示	□优	□良	□中	□合格	□不合格
	学习效果小组自评等级：□优　□良　□中　□合格　□不合格						
	小组综合评价：						

	学习效果教师评价等级：□优　□良　□中　□合格　□不合格
教师评价	教师综合评价：

任务 2.3 垫片复合模冲裁排样设计

【任务描述】

根据垫片的结构特点、材料及厚度等，画出垫片复合模排样图。

【任务实施】

一、排样方式确定

根据零件的形状特点，排样方式采用单排直排方案。

二、确定搭边值

零件厚度 $t=1$mm，查表 1-15 得到工件间搭边 a_1 为 0.8mm，侧搭边 a 为 1.0mm。为了增加废料的刚性，提高生产效率，适当增加搭边值，确定采用工件间搭边为 $a_1=2$mm，侧面搭边为 $a=1.5$mm。

三、条料宽度计算

本项目采用定位销定位方式，故条料宽度采用以下公式计算：

$$B_{-\Delta}^0 = (D_{\max}+2a)_{-\Delta}^0 = (40+2\times1.5)_{-\Delta}^0 = 43_{-\Delta}^0 \text{（mm）}$$

查表 1-16，条料宽度的单向偏差取 0.4，故条料宽度确定为 $43_{-0.4}^0$。

四、送料步距计算

零件的步距用以下公式计算：

$$S = L + a_1 = 40 + 2 = 42 \text{（mm）}$$

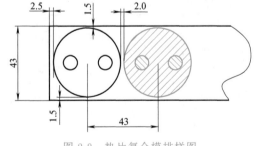

图 2-2 垫片复合模排样图

五、绘制排样图

画出排样图如图 2-2 所示。

六、计算材料利用率

由于零件使用卷料加工，料头、料尾的材料损耗可以忽略不计，因此需要计算一个步距的材料利用率，用公式计算如下：

$$\eta = \frac{S_1}{S_0} \times 100\% = \frac{1357}{43\times42} = 75.1\%$$

注：垫片面积用 AUTOCAD 软件查询可以得到。

【检测评价】

　　"垫片复合模冲裁排样设计"学习记录表和学习评价表见表 2-7、表 2-8。

表 2-7　"垫片复合模冲裁排样设计"学习记录表

垫片排样图	

垫片复合模冲裁排样设计

序号	项目	结论
1	排样方式确定	
2	确定搭边值	
3	条料宽度计算	
4	送料步距计算	
5	绘制排样图	
6	计算材料利用率	

结论：

表 2-8 "垫片复合模冲裁排样设计"学习评价表

班级		姓名		学号		日期	
任务名称			垫片复合模冲裁排样设计				

		评价内容		掌握情况	
自我评价	1	排样方式确定		□是	□否
	2	确定搭边值		□是	□否
	3	条料宽度计算		□是	□否
	4	送料步距计算		□是	□否
	5	绘制排样图		□是	□否
	6	计算材料利用率		□是	□否
	学习效果自评等级：□优　□良　□中　□合格　□不合格				
	总结与反思：				

		评价内容	完成情况				
小组合作学习评价	1	合作态度	□优	□良	□中	□合格	□不合格
	2	分工明确	□优	□良	□中	□合格	□不合格
	3	交互质量	□优	□良	□中	□合格	□不合格
	4	任务完成	□优	□良	□中	□合格	□不合格
	5	任务展示	□优	□良	□中	□合格	□不合格
	学习效果小组自评等级：□优　□良　□中　□合格　□不合格						
	小组综合评价：						

教师评价	学习效果教师评价等级：□优　□良　□中　□合格　□不合格
	教师综合评价：

任务 2.4　垫片复合模冲压力计算及压力机初选

【任务描述】

根据垫片的结构特点、材料及厚度等，计算垫片复合模冲压力，并初选压力机。

【任务实施】

一、冲裁力的计算

垫片零件冲裁周边长度计算为：
$$L = 2 \times \pi \times 8 + 10 + \pi \times 40 = 185.84 \text{（mm）}$$

冲裁力的系数取 1.3，零件的冲裁周边长度也可利用绘图软件直接查询得到。Q235 材料抗剪强度 $\tau_b = 235\text{MPa}$。冲裁力的计算如下：
$$F = KLt\tau_b = 1.3 \times 185.84 \times 1 \times 235 = 56774.12 \text{(N)} = 56.77 \text{（kN）}$$

二、推件力的计算

凹模为直刃口，零件的壁厚为 1.0mm，介于 0.55～5mm 之间，凹模孔口的直刃壁高度 $h = 5 \sim 10\text{mm}$，本案例取最大值 10mm，同时卡在凹模内的冲裁件数为 10。$K_推$ 取 0.055。
$$F_推 = nK_推 F = 10 \times 0.055 \times 56.77 = 31.22 \text{（kN）}$$

三、卸料力的计算

卸料力的系数根据查表 $K_卸 = 0.025 \sim 0.06$，取 0.05。卸料力的计算如下：
$$F_卸 = K_卸 F = 0.05 \times 56.77 = 2.84 \text{（kN）}$$

四、顶件力的计算

本案例为倒装复合模具，无顶件力。

五、总压力的计算和压力机初选

选取弹性卸料装置，并采用下出料的方式，则垫片零件总冲压力为：
$$F_\Sigma = F + F_卸 + F_推 = 56.77 + 2.84 + 31.22 = 90.83 \text{（kN）}$$

对于施力行程较小的冲压工序（如冲裁、浅弯曲、浅拉深等），$P \geqslant (1.1 \sim 1.3)F_\Sigma$，按照 118.08kN 初选压力机，查询压力机规格表，初选压力机为 J23-16（公称压力为 160kN）。

六、压力中心的计算

该零件上下、左右都对称，压力中心与几何中心重合，故该冲裁件的压力中心在 $\phi 40$ 圆心处。

"垫片复合模冲压力计算及压力机初选"学习记录表和学习评价表见表2-9、表2-10。

表2-9 "垫片复合模冲压力计算及压力机初选"学习记录表

表 2-9 学习记录表

垫片模具压力中心计算	

垫片复合模冲压力计算及压力机初选

序号	项目	结论
1	冲裁力的计算	
2	推件力的计算	
3	卸料力的计算	
4	顶件力的计算	
5	总压力的计算和压力机初选	
6	压力中心的计算	

结论：

表 2-10 学习评价表

表 2-10 "垫片复合模冲压力计算及压力机初选"学习评价表

班级			姓名		学号		日期	
任务名称				垫片复合模冲压力计算及压力机初选				

<table>
<tr><td rowspan="10">自我评价</td><td colspan="2">评价内容</td><td colspan="2">掌握情况</td></tr>
<tr><td>1</td><td>冲裁力的计算</td><td>□是</td><td>□否</td></tr>
<tr><td>2</td><td>推件力的计算</td><td>□是</td><td>□否</td></tr>
<tr><td>3</td><td>卸料力的计算</td><td>□是</td><td>□否</td></tr>
<tr><td>4</td><td>顶件力的计算</td><td>□是</td><td>□否</td></tr>
<tr><td>5</td><td>总压力的计算和压力机初选</td><td>□是</td><td>□否</td></tr>
<tr><td>6</td><td>压力中心的计算</td><td>□是</td><td>□否</td></tr>
<tr><td colspan="4">学习效果自评等级：□优　　□良　　□中　　□合格　　□不合格</td></tr>
<tr><td colspan="4">总结与反思：</td></tr>
</table>

<table>
<tr><td rowspan="8">小组合作
学习评价</td><td colspan="2">评价内容</td><td colspan="5">完成情况</td></tr>
<tr><td>1</td><td>合作态度</td><td>□优</td><td>□良</td><td>□中</td><td>□合格</td><td>□不合格</td></tr>
<tr><td>2</td><td>分工明确</td><td>□优</td><td>□良</td><td>□中</td><td>□合格</td><td>□不合格</td></tr>
<tr><td>3</td><td>交互质量</td><td>□优</td><td>□良</td><td>□中</td><td>□合格</td><td>□不合格</td></tr>
<tr><td>4</td><td>任务完成</td><td>□优</td><td>□良</td><td>□中</td><td>□合格</td><td>□不合格</td></tr>
<tr><td>5</td><td>任务展示</td><td>□优</td><td>□良</td><td>□中</td><td>□合格</td><td>□不合格</td></tr>
<tr><td colspan="7">学习效果小组自评等级：□优　　□良　　□中　　□合格　　□不合格</td></tr>
<tr><td colspan="7">小组综合评价：</td></tr>
</table>

<table>
<tr><td rowspan="2">教师评价</td><td>学习效果教师评价等级：□优　　□良　　□中　　□合格　　□不合格</td></tr>
<tr><td>教师综合评价：</td></tr>
</table>

任务 2.5　垫片复合模刃口尺寸计算

【任务描述】

结合前期垫片冲裁工艺分析和工艺方案确定，进行连接片落料模凸、凹模刃口尺寸计算。

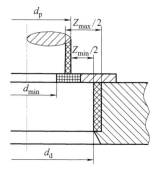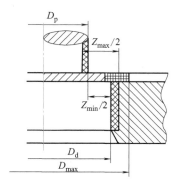

- 凸、凹模制造公差
- 零件公差

【任务实施】

一、确定垫片复合模的冲裁间隙

已知垫片材料为 Q235，最高精度等级介于 IT11 与 IT12 之间，冲裁间隙按照Ⅲ类选取，查表 1-24 得到间隙值：$Z_{min}=2\times7\%\times1.0=0.14$（mm），$Z_{max}=2\times10\%\times1.0=0.20$（mm），$Z_{max}-Z_{min}=(0.20-0.14)$ mm$=0.06$mm。

二、垫片复合模凸、凹模刃口尺寸计算

由图可知，垫片零件属于圆形或简单规则形状的制件，属于无特殊要求的一般冲孔、落料，故选取凸模和凹模分开加工的方法。

该零件外形 $\phi40_{-0.62}^{0}$mm 由落料获得，$2\times\phi8_{0}^{+0.12}$mm 和（20 ± 0.09）mm 由冲孔同时获得。

由标准公差等级表查得：$\phi40_{-0.62}^{0}$mm 为 IT14 级，磨损系数 X 取 0.5；$2\times\phi8_{0}^{+0.12}$mm 介于 IT11～IT12 之间，磨损系数 X 取 0.75。

设凸、凹模分别按 IT6 和 IT7 级加工制造，则：

冲孔：$d_T=(d_{min}+x\Delta)_{-\delta_T}^{0}=(8+0.75\times0.12)_{-0.009}^{0}$（mm）$=8.09_{-0.009}^{0}$（mm）

$\qquad d_A=(d_T+Z_{min})_{0}^{+\delta_A}=(8.09+0.14)_{0}^{+0.015}$（mm）$=8.23_{0}^{+0.015}$（mm）

校核：$|\delta_T|+|\delta_A|\leqslant Z_{max}-Z_{min}=0.06$

$0.009|0.015=0.024\leqslant0.06$，满足间隙公差条件。

孔距尺寸：$L_d=L\pm\dfrac{1}{8}\Delta=20\pm0.125\times2\times0.09=20\pm0.023$（mm）

落料：$D_A=(D_{max}-x\Delta)_{0}^{+\delta_A}=(40-0.5\times0.62)_{0}^{+0.025}$（mm）$=39.69_{0}^{+0.025}$（mm）

$\qquad D_T=(D_A-Z_{min})_{-\delta_T}^{0}=(39.69-0.14)_{-0.016}^{0}$（mm）$=39.55_{-0.016}^{0}$（mm）

校核：$|\delta_T|+|\delta_A|\leqslant Z_{max}-Z_{min}=0.06$

$0.025+0.016=0.041<0.06$，满足间隙公差条件。

【检测评价】

"垫片复合模凸、凹模刃口尺寸计算"学习记录表和学习评价表见表 2-11、表 2-12。

表 2-11 "垫片复合模凸、凹模刃口尺寸计算"学习记录表

表 2-11 学
习记录表

垫片复合模凸、凹模刃口尺寸计算	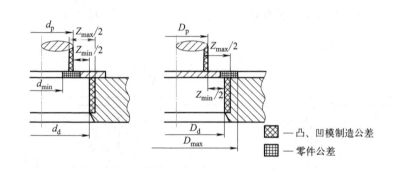

垫片复合模凸、凹模刃口尺寸计算

序号	项目	结论
1	确定垫片复合模的冲裁间隙	
2	冲孔凸模刃口尺寸计算($\phi 8^{+0.12}_{0}$)	
3	冲孔凹模刃口尺寸计算($\phi 8^{+0.12}_{0}$)	
4	落料凸模刃口尺寸计算($\phi 40^{0}_{-0.62}$)	
5	落料凹模刃口尺寸计算($\phi 40^{0}_{-0.62}$)	
6	中心距尺寸计算(20 ± 0.09)	

结论：

表 2-12 "垫片复合模凸、凹模刃口尺寸计算"学习评价表

班级		姓名		学号		日期	
任务名称			垫片复合模凸、凹模刃口尺寸计算				

		评价内容			掌握情况	
自我评价	1	冲裁间隙的确定原则			□是	□否
	2	冲裁间隙的确定方法			□是	□否
	3	分开加工凸、凹模刃口尺寸计算方法			□是	□否
	4	分开加工冲孔凸模凹模刃口尺寸计算方法			□是	□否
	5	分开加工落料凸模凹模刃口尺寸计算方法			□是	□否
	6	分开加工中心距尺寸计算方法			□是	□否
	学习效果自评等级：□优　　□良　　□中　　□合格　　□不合格					
	总结与反思：					

		评价内容	完成情况			
小组合作学习评价	1	合作态度	□优	□良	□中	□合格	□不合格
	2	分工明确	□优	□良	□中	□合格	□不合格
	3	交互质量	□优	□良	□中	□合格	□不合格
	4	任务完成	□优	□良	□中	□合格	□不合格
	5	任务展示	□优	□良	□中	□合格	□不合格
	学习效果小组自评等级：□优　　□良　　□中　　□合格　　□不合格					
	小组综合评价：					

教师评价	学习效果教师评价等级：□优　　□良　　□中　　□合格　　□不合格
	教师综合评价：

任务 2.6　垫片复合模工作零件结构设计

【任务描述】

结合前面凸、凹模刃口尺寸计算结果，进行垫片复合模凸、凹模的结构设计。

倒装式
复合模
具动画

【任务实施】

1. 落料凹模设计

落料凹模刃口尺寸在前面任务中已经完成计算，凹模刃口尺寸为 $39.69^{+0.025}_{0}$ mm。凹模类型选用整体式凹模，矩形凹模板。凹模刃口形式确定采用直壁刃口，下料孔用台阶式。查表 1-27，得到凹模边距为 30mm，凹模高度 H 为 22mm。

垂直于送料方向的凹模宽度 B 概略确定：$B = 63.445 + 30 \times 2 = 123.445$（mm）；

送料方向凹模长度 L 概略确定：$L = 39.69 + 30 \times 2 = 99.69$（mm）。

按照国标凹模板尺寸系列，综合考虑确定凹模外形尺寸：$H = 22$mm、$L = 100$mm、$B = 125$mm。

选用 M8 螺钉，定位销钉也选用 $\phi 8$，螺钉到边缘的距离取 $1.5d$，最终设计的凹模工程图如图 2-3 所示。

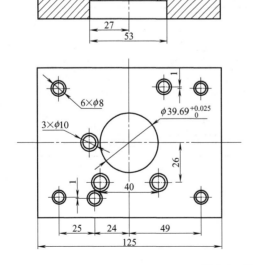
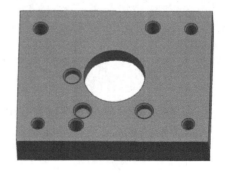

图 2-3　落料凹模

2. 冲孔凸模设计

冲孔凸模刃口尺寸在前面任务中已经完成计算，刃口尺寸为 $8.09_{-0.009}^{0}$ mm，凸模类型选用圆形凸模，凸模固定板的厚度取 15mm，卸料板的厚度取 12mm，采用弹性卸料板。凸模长度计算为：$L = h_1 + h_2 + t + h = 15 + 12 + 1.0 + 20 = 48$（mm），最终设计的冲孔凸模如图 2-4 所示。

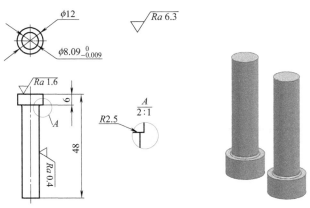

图 2-4　冲孔凸模

3. 凸凹模设计

根据前期计算，冲孔凹模刃口为 $8.23_{0}^{+0.015}$ mm，落料凸模刃口为 $39.55_{-0.016}^{0}$ mm，中心距尺寸为（20 ± 0.023）mm，凸凹模固定板厚度取 15mm。

凸凹模长度计算为：$L = h_1 + h_2 + t + h = 15 + 12 + 1.0 + 26 = 44$（mm）

最终设计的凸凹模工程图如图 2-5 所示。

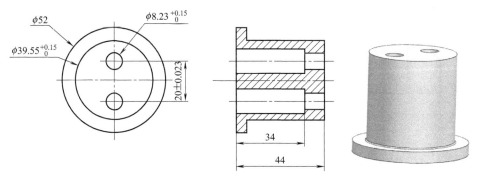

图 2-5　凸凹模

【知识链接】

复合模的工作零件除了前面所学的单工序冲裁模具的凸模和凹模外，还有一个特殊的工作零件——凸凹模，其内形刃口起冲孔凹模的作用，外形刃口起落料凸模作用，外形按一般凸模设计，内形按一般凹模设计。凸模和凹模的结构及固定方式与落料模相似，在此不再赘述。凸凹模的结构和固定形式与单工序冲裁模具的凸模差不多，其设计的关键是要保证内形与外形之间的壁厚强度，壁太薄，易发生开裂。对于不积聚废料的凸凹模的最小壁厚，黑色金属和硬材料约为工件材料厚度的 1.5 倍，但不小于 0.7mm；对于有色金属和软材料约等于工件料厚，但不小于 0.5mm。对于积聚废料的凸凹模，其最小壁厚可参照表 2-13。对于仪表行列的小型薄壁零件可参照表 2-14。

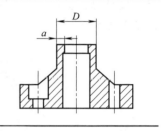

表 2-13　凸凹模最小壁厚 a　　　　　　　　　　单位：mm

料厚 t	0.4	0.5	0.6	0.7	0.8	0.9	1.0	1.2	1.5	1.75
最小壁厚 a	1.4	1.6	1.8	2.0	2.3	2.5	2.7	3.2	3.8	4.0
最小直径 D	15					18			21	
料厚 t	2.0	2.1	2.5	2.75	3.0	3.5	4.0	4.5	5.0	5.5
最小壁厚 a	4.9	5.0	5.8	6.3	6.7	7.8	8.5	9.3	10	12
最小直径 D	21	25		28		32		35	40	45

表 2-14　凸凹模最小壁厚 a（小型薄壁零件）

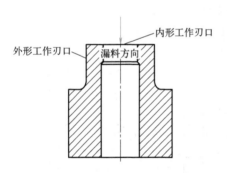

	冲裁材料	纸、皮、塑料薄膜、胶木板、软铝	$a \geqslant 0.8t$，但最小应大于 0.5mm
		硬铝、紫铜、黄铜、纯铁	$a \geqslant t$，但最小应大于 0.7mm
		08 钢、10 钢	$a \geqslant 1.2t$，但最小应大于 0.7mm
		$t \leqslant 0.5$ 的硅钢片、弹簧钢、锡磷青铜	$a \geqslant 1.2t$

提高凸凹模强度的方法：增加凸凹模有效刃口以外部分的壁厚，如图 2-6 所示。减小凸凹模模孔废料的积存数目，如图 2-7 所示，图中是用顶料方式卸料。

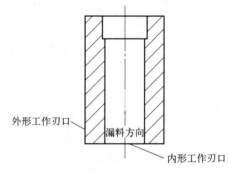

图 2-6　增加凸凹模有效刃口以外部分的壁厚　　　图 2-7　减小凸凹模模孔废料的积存数目

【检测评价】

"垫片复合模工作零件结构设计"学习记录表和学习评价表见表 2-15、表 2-16。

表 2-15 学
习记录表

表 2-15 "垫片复合模工作零件结构设计"学习记录表

垫片复合模工作零件结构设计	

垫片复合模工作零件结构设计		
序号	项目	结论
1	垫片复合模落料凹模外形尺寸、刃口形式及固定方式	
2	垫片复合模冲孔凸模外形尺寸、刃口形式及固定方式	
3	垫片复合模凸凹模外形尺寸、刃口形式及固定方式	

结论：

表 2-16 学习评价表

表 2-16　"垫片复合模工作零件结构设计"学习评价表

班级			姓名		学号		日期	
任务名称			垫片复合模工作零件结构设计					
自我评价		评价内容					掌握情况	
	1	落料凹模的刃口形式					□是	□否
	2	落料凹模的固定方式					□是	□否
	3	落料凹模的尺寸确定					□是	□否
	4	冲孔凸模的结构形式					□是	□否
	5	冲孔凸模的固定方法					□是	□否
	6	冲孔凸模的高度确定					□是	□否
	7	凸凹模的结构形式					□是	□否
	8	凸凹模的固定方法					□是	□否
	9	凸凹模的高度确定					□是	□否
	10	凸、凹、凸凹模的图纸绘制					□是	□否
	学习效果自评等级：□优　　□良　　□中　　□合格　　□不合格							
	总结与反思：							
小组合作学习评价		评价内容	完成情况					
	1	合作态度	□优	□良	□中	□合格	□不合格	
	2	分工明确	□优	□良	□中	□合格	□不合格	
	3	交互质量	□优	□良	□中	□合格	□不合格	
	4	任务完成	□优	□良	□中	□合格	□不合格	
	5	任务展示	□优	□良	□中	□合格	□不合格	
	学习效果小组自评等级：□优　　□良　　□中　　□合格　　□不合格							
	小组综合评价：							
教师评价	学习效果教师评价等级：□优　　□良　　□中　　□合格　　□不合格							
	教师综合评价：							

任务 2.7　垫片复合模模架选择

【任务描述】

根据凹模周界尺寸大小，从冷冲压模具国家标准中确定模架规格参数。

【任务实施】

结合零件特点，本模具选用后侧导柱导向模架，便于条料的送进，通过查阅后侧导柱导向模架标准（GB/T 23563.1—2009），选用模架的规格为 160mm × 100mm ×（140 ～ 170）mm。其中上模座尺寸为：160mm × 100mm × 35mm，下模座尺寸为：160mm × 100mm × 40mm，导柱尺寸为：ϕ25mm × 130mm，导套尺寸为 ϕ25mm × 85mm × 33mm。

按照初选的 J23-16 型号压力机参数，模柄的直径应与压力机滑块上的模柄孔孔径相适应，模柄的尺寸取（ϕ30×55）mm。选取模柄采用带凸缘的结构形式，采用螺钉、销钉与上模座紧固在一起。

表 2-17 学
习记录表

【检测评价】

"垫片复合模模架选择"学习记录表和学习评价表见表 2-17、表 2-18。

表 2-17 "垫片复合模模架选择"学习记录表

垫片复合模模架选择	

垫片复合模模架选择		
序号	项目	结论
1	模架类型的选择	
2	模座尺寸的确定	
3	导向机构的确定	
4	模柄的选择	

结论：

表 2-18 "垫片复合模模架选择"学习评价表

班级			姓名		学号		日期	
任务名称				垫片复合模模架选择				

		评价内容		掌握情况	
自我评价	1	模架类型的选择		□是	□否
	2	模座尺寸的确定		□是	□否
	3	导向机构的确定		□是	□否
	4	模柄的选择		□是	□否

学习效果自评等级：□优　　□良　　□中　　□合格　　□不合格

总结与反思：

		评价内容	完成情况				
小组合作学习评价	1	合作态度	□优	□良	□中	□合格	□不合格
	2	分工明确	□优	□良	□中	□合格	□不合格
	3	交互质量	□优	□良	□中	□合格	□不合格
	4	任务完成	□优	□良	□中	□合格	□不合格
	5	任务展示	□优	□良	□中	□合格	□不合格

学习效果小组自评等级：□优　　□良　　□中　　□合格　　□不合格

小组综合评价：

教师评价

学习效果教师评价等级：□优　　□良　　□中　　□合格　　□不合格

教师综合评价：

任务 2.8 垫片复合模其他零件设计

【任务描述】

结合前期学习任务确定垫片复合模具的定位零件、卸料装置、凸模固定板和垫板等设计方案。

【任务实施】

一、定位零件的设计

本模具采用位于条料同侧的两个 $\phi 8 \times 6$mm 导料销来控制送料方向，导料销按 H7/m6 过渡配合装在凹模上。

依靠一个 $\phi 8 \times 3$mm 的固定挡料销实现进料步距的控制，按 H7/m6 过渡配合装在凹模上。

二、卸料零件设计

1. 卸料结构的确定

① 垫片复合模具采用图 1-38（c）的弹性卸料装置，依靠弹簧、卸料板和卸料螺钉将条料从凸凹模上卸下。

② 采用推件块将卡在落料凹模孔里的垫片推出，整个推出机构由打杆、推板、推杆、推件块组成，如图 2-9 所示。

2. 卸料螺钉的设计

结合产品特点，参照表 1-36 本套模具选取 4 个 M8 规格的卸料螺钉。

图 2-8 垫片复合模具卸料板

3. 卸料行程的确定

$$h_{卸料}=t+a+b+\Delta d=1.5+0.5+3+2=7 \ (\text{mm})$$

式中　t——板厚，取 1.5mm；

　　　a——凸模进入凹模的深度，$a=(0.5\sim1)$ mm；

　　　b——凸模在卸料板内移动的距离（凸模不能脱离卸料板），$b=(3\sim5)$ mm；

Δd——凸模磨损后的预磨量，$\Delta d = 2\text{mm}$。

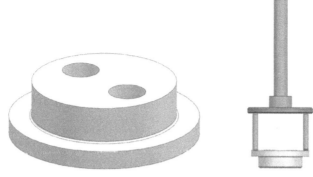

图 2-9　垫片复合模推件块

4. 弹簧的工作压力计算

根据模具的总体设计方案和卸料力的大小，选择 4 个弹簧进行卸料。

$$P = F_{卸}/n = 8100/4 = 2025（N）$$

5. 初选弹簧

根据 GB/T 2089—2009，初选弹簧参数：$D = 18\text{mm}$，$d = 3\text{mm}$，$H_0 = 35\text{mm}$，$n = 4.5$。

6. 弹簧校核

绘图过程中，通过检查发现弹簧的装配长度（即弹簧的压缩后长度＝弹簧的自由长度－预变形量）、根数、直径符合模具结构空间尺寸。

三、固定板与垫板设计

1. 凸模固定板的设计

凸模固定板已标准化，根据厚度和轮廓尺寸查表可选用标准固定板。固定凸模用的型孔与凸模的固定部分相适应，型孔位置与凹模型孔位置协调一致，如图 2-10 所示。固定板的厚度按凹模厚度的 0.6～0.8 确定，一般取 16～20mm，本模具选取固定板的厚度为 15mm。

2. 凸凹模固定板设计

固定凸凹模用的型孔与凸凹模的固定部分相适应，型孔位置与落料凹模、冲孔凸模型孔位置协调一致，如图 2-11 所示。固定板的厚度按凹模厚度的

图 2-10　垫片复合模凸模固定板

0.6～0.8 确定，一般取 16～20mm，本模具选取固定板的厚度为 15mm。

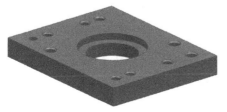

图 2-11　垫片复合模凸凹模固定板

图 2-12　垫片复合模垫板

3. 垫板的设计

垫板已标准化，根据垫板厚度和轮廓尺寸查可选取标准垫板，如图 2-12 所示。本模具垫板的厚度取 8mm，轮廓尺寸的选取与凹模板的一致。

【知识链接】

为了保证复合冲裁的连续进行，必须将卡在凹模孔内的工件和卡在凸凹模孔中的废料及时从凹模和凸凹模孔中漏出，因此在复合模中除前面所介绍的卸料机构外，还增设了推件装置、顶件装置与卸料装置等出件装置。

1. 推件装置

将工件或废料从凹模内由上往下推出的装置叫推件装置（又叫打料装置）。推件装置一般是刚性的，刚性推件装置一般装在上模。倒装式复合模工作时是制件嵌在上模部分的凹模中，其推件装置如图 2-13 所示，工件中心有孔时常用的推件形式如图 2-13（a）所示，它由打杆推动推板、推杆，最后由推件块将制件推下。工件上的孔位于中心四周时的推件形式如图 2-13（b）所示，由打杆直接推动推件块将制件推下。

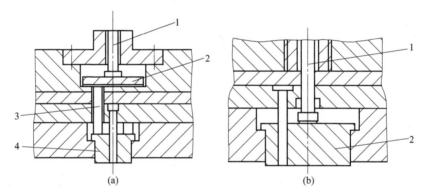

图 2-13　倒装式复合模刚性推件装置
1—打杆；2—推板；3—推杆；4—推件块

正装式复合模的冲孔废料嵌在上模的凸凹模内，必须通过推件装置将废料打下。推件装置的形式随制件的形状不同而不同。

图 2-14（a）为在制件中心冲单孔的推件形式，图中推板（推件板）直接固定在打杆上。

图 2-14（b）是中心无孔且孔距不大的情况下的推件形式，打杆推动推板，推板推动两根（多根）推杆将冲孔废料推出。

图 2-14（c）所示为制件孔的中心与模具中心相距较远时的推件形式，冲孔废料是由装在上模座内的推杆在弹簧力作用下推出的。

为使推件力分布均匀，将打杆的一点力分为几点力，就需要推板作为过渡。推板通过推杆，将力均匀地传递到推件块上，使推件块平稳地将制件推下。

推板的形状按制件的形状来设计，既要推杆（着力点）少，又要能平稳地推下制件，且不能因推板而过多地削弱模柄或上模座的强度。常用的推板形状如图 2-15 所示。推板厚度可根据推件力的大小和推件块的形式来决定，一般不应小于 5mm。

连接推杆的根数及布置以使推件块受力均衡为原则，一般为 2～4 根且分布均匀，长短一致。推板装在上模座的孔内，为保证凸模支承的刚度和强度，安装推板的孔不能全部挖空。

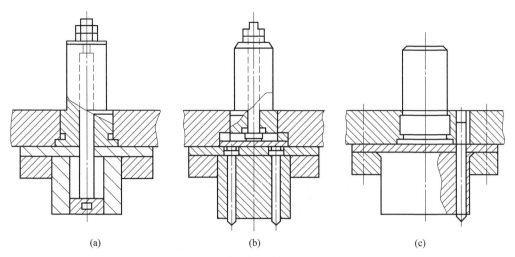

图 2-14　正装式复合模刚性推件装置

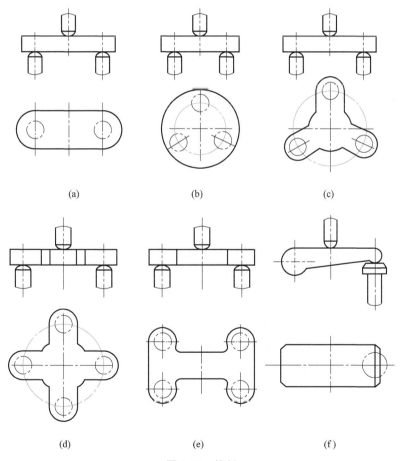

图 2-15　推板

　　刚性推件装置推件力大，结构简单，工作可靠，所以应用十分广泛。但对于薄料及平直度要求较高的冲裁件，可采用弹性推件装置，如图 2-16 所示。采用弹性推件时，必须保证弹性力要足够，弹性元件如采用橡胶时，要有一定的空隙，以防止压缩时，将模具零件胀裂。

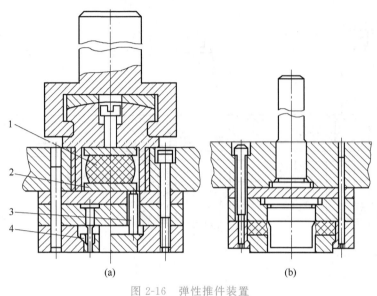

图 2-16　弹性推件装置

1—弹性元件；2—垫板；3—连接推杆；4—推件块

推件装置的设置。同时应注意以下几点：

① 推杆应能使推件块有效地推下制件，但不可太长，避免在压力机滑块行程的下死点推板或推件块的上平面与模具其他零件接触而受力，合理的设计应保证留有一定的间隙。

② 推件装置要有足够的位移量，一般应在上模接近上死点之前就完成推件动作。

③ 有气源的车间，应尽量利用压缩空气，将制件吹离模具工作区。

2. 顶件装置

将冲件或废料从凹模内由下往上顶出的装置称为顶件装置。顶件装置一般为弹性的，装在模具的下模座上，正装式复合模的弹性顶件装置如图 2-17 所示。

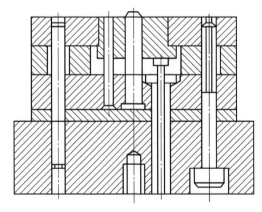

图 2-17　正装式复合模顶件机构

3. 卸料装置

倒装式复合模弹性卸料装置如图 2-18 所示。图 2-18（a）的弹性元件装在工作台下方，做成通用的弹顶器，弹顶器主要用于小型开式压力机。大型压力机可以使用气垫或液压垫来取代弹顶器，这种结构所能提供的卸料力大，调节方便。图 2-18（b）所示弹性元件安装在卸料板与下模座之间，由于弹性元件安装空间受到限制，卸料力不大。

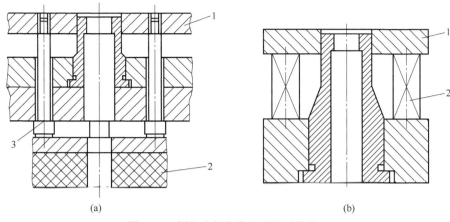

(a)   (b)

图 2-18　倒装式复合模的弹性顶件装置

1—卸料板；2—弹性元件（弹簧或橡胶）；3—顶杆

【知识拓展】

在复合模设计时，需要对以下问题予以注意：

① 复合模是在模具的同一位置上完成两道或两道以上的工序，模具结构较复杂，因此，应在上、下模间设置导向装置。

② 复合模为倒装结构时，通常采用弹性卸料板卸料。若冲压毛坯为块料，则可用废料刀卸料。当复合模为正装结构时，若卸料力不大，可采用弹性卸料装置。只有卸料力较大，用弹性卸料不能满足卸料力要求时，才采用刚性卸料装置。由于弹性卸料具有操作方便的优点，应尽量采用弹性卸料。

③ 外形复杂的凸凹模，通常设计成直通形式，以方便线切割加工。此时凸凹模的固定方式，要依凸凹模结构形状及尺寸而定。可采用螺钉、销钉、铆接、低熔点合金或环氧树脂黏结等固定方法。

④ 凸凹模平面尺寸较大时，不论是采用正装结构还是倒装结构，均可省去固定板，将凸凹模直接固定在模板上。

⑤ 冲压不对称制件的复合模，其工作零件必须定位可靠，不允许有转动的可能。

⑥ 设计落料拉深复合模时，落料凹模刃口面应高出拉深凸模工作端面一个料厚（t）以上（通常取 $t+2\sim4$mm），以便实现先落料后拉深的工作顺序。同时还要注意，落料凹模内的压边圈工作面，应高出落料凹模刃口面 0.5mm 以上，以保证落料前先压料，拉深后能将制件从落料凹模内推出。

⑦ 落料拉深复合模在选用压力机公称压力时，应当注意压力机的许用载荷曲线，使落料力和拉深力均在压力机许用载荷曲线以内，而不能简单地将落料力与拉深力相加后去选择压力机。

⑧ 其他工序的复合模具，在选用压力机时也应注意压力机的许用载荷曲线，特别当模具工作行程较大时更应注意。

⑨ 冲压高度尺寸较大的拉深件的复合模，应注意压力机滑块在上死点时能否取出制件。一般要求滑块行程应大于拉深件高度的两倍以上。

⑩ 复合模导柱采用中间或对角布置时，应使两导柱直径不同，以防止上模相对下模错位 180°而发生事故。

【检测评价】

"垫片复合模其他零件设计"学习记录表和学习评价表见表 2-19、表 2-20。

表 2-19 "垫片复合模其他零件设计"学习记录表

表 2-19 学
习记录表

垫片复合模其他零件的设计	

垫片复合模其他零件设计		
序号	项目	结论
1	定位零件的设计	
2	卸料方式的确定	
3	凸模固定板的设计	
4	垫板的设计	

结论：

表 2-20 "垫片复合模其他零件设计"学习评价表

班级		姓名		学号		日期	
任务名称			垫片复合模其他零件设计				

表 2-20 学习评价表

		评价内容		掌握情况	
自我评价	1	导料销、挡料销的设计		□是	□否
	2	卸料螺钉的设计		□是	□否
	3	卸料行程的确定		□是	□否
	4	弹簧的选择与校核		□是	□否
	5	凸模固定板的设计		□是	□否
	6	垫板的设计		□是	□否
	学习效果自评等级：□优　□良　□中　□合格　□不合格				
	总结与反思：				

		评价内容	完成情况				
小组合作学习评价	1	合作态度	□优	□良	□中	□合格	□不合格
	2	分工明确	□优	□良	□中	□合格	□不合格
	3	交互质量	□优	□良	□中	□合格	□不合格
	4	任务完成	□优	□良	□中	□合格	□不合格
	5	任务展示	□优	□良	□中	□合格	□不合格
	学习效果小组自评等级：□优　□良　□中　□合格　□不合格						
	小组综合评价：						

教师评价	学习效果教师评价等级：□优　□良　□中　□合格　□不合格
	教师综合评价：

任务 2.9 垫片复合模装配图绘制

【任务描述】

在前面工作任务完成的基础上，绘制垫片复合模的装配图和模具主要零件的零件图。

【任务实施】

一、垫片复合模装配图绘制

对垫片复合模装配图（图 2-19）画出合模的工作状态，有助于校核各模具零件之间的

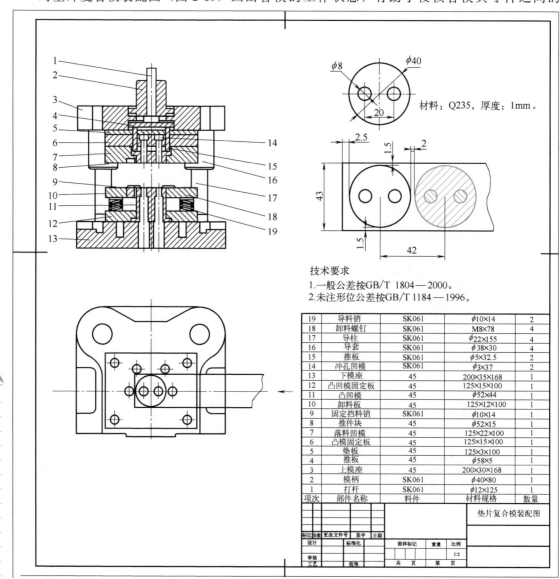

19	导料销	SK061	ϕ10×14	2
18	卸料螺钉	SK061	M8×78	4
17	导柱	SK061	ϕ22×155	4
16	导套	SK061	ϕ38×30	4
15	推板	SK061	ϕ5×32.5	2
14	冲孔凹模	SK061	ϕ3×37	2
13	下模座	45	200×35×168	1
12	凸凹模固定板	45	125×15×100	1
11	凸凹模	45	ϕ52×44	1
10	卸料板	45	125×12×100	1
9	固定挡料销	SK061	ϕ10×14	1
8	推件块	45	ϕ52×15	1
7	落料凹模	45	125×22×100	1
6	凸模固定板	45	125×15×100	1
5	垫板	45	125×3×100	1
4	推板	45	ϕ58×5	1
3	上模座	45	200×30×168	1
2	模柄	SK061	ϕ40×80	1
1	打杆	SK061	ϕ12×125	1
项次	部件名称	料件	材料规格	数量

材料：Q235，厚度：1mm。

技术要求
1.一般公差按GB/T 1804—2000。
2.未注形位公差按GB/T 1184—1996。

标记	处数	更改文件号	签字	日期				垫片复合模装配图	
设计			标准化		图样标记	重量	比例		
审核							1:1		
工艺			批准		共　页	第　页			

图 2-19 垫片复合模装配图

相互关系，装配图采用 1∶1 的比例。主视图剖面的选择，重点反映凸模、凸凹模的固定、凸模、凸凹模刃口的形状，模柄与上模座间的安装关系，凹模的安装关系，凹模的刃口形状，漏料孔的形状，各模板间的安装关系（即螺钉、销钉如何安装），导向系统与模座安装关系（即导柱与下模座、导套与上模座的装配关系）等。

二、垫片复合模主要零件的零件图绘制

垫片复合模落料凹模零件图的绘制如图 2-20 所示，冲孔凸模的零件图绘制如图 2-21 所示，凸凹模的零件图如图 2-22 所示。

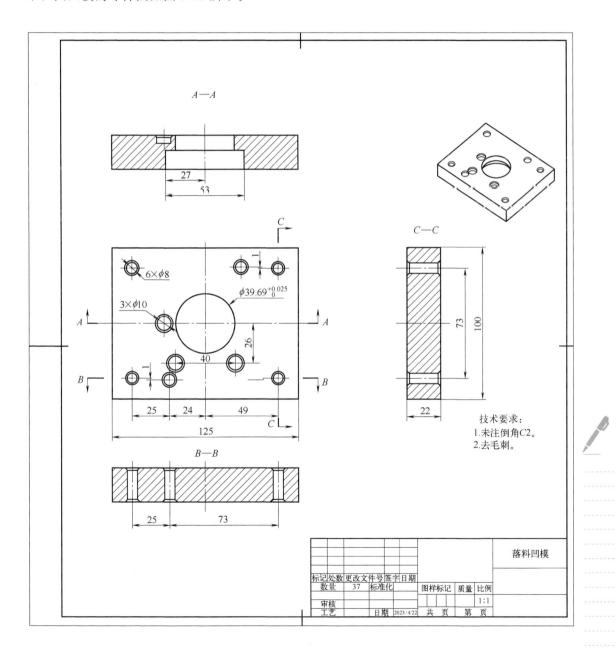

图 2-20　垫片复合模落料凹模零件图

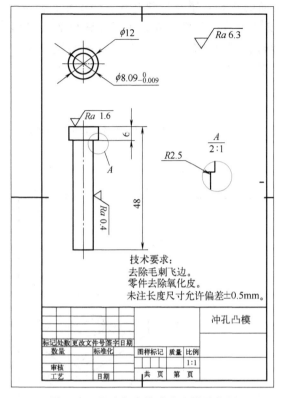

技术要求：
去除毛刺飞边。
零件去除氧化皮。
未注长度尺寸允许偏差±0.5mm。

			冲孔凸模		
标记 处数 更改文件号 签字 日期			图样标记	质量	比例
数量	标准化				1:1
审核					
工艺	日期		共 页	第 页	

图 2-21　垫片复合模冲孔凸模零件图

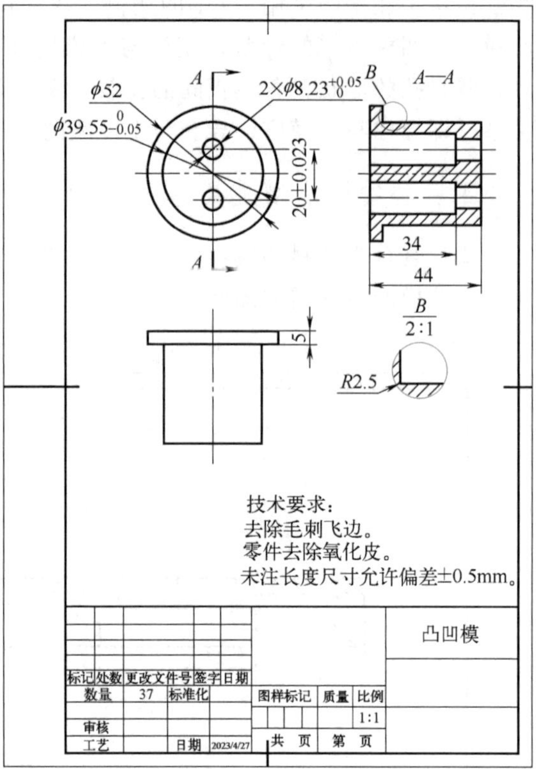

$\phi 52$
$\phi 39.55^{\ 0}_{-0.05}$
$2\times\phi 8.23^{+0.05}_{\ 0}$
20 ± 0.023
A—A
A
B
34
44
5
$R2.5$
$\dfrac{B}{2:1}$

技术要求：
去除毛刺飞边。
零件去除氧化皮。
未注长度尺寸允许偏差±0.5mm。

			凸凹模		
标记 处数 更改文件号 签字 日期			图样标记	质量	比例
数量	37	标准化			1:1
审核					
工艺	日期	2023/4/27	共 页	第 页	

图 2-22　垫片复合模凸凹模零件图

"垫片复合模装配图绘制"学习记录表和学习评价表见表 2-21、表 2-22。

表 2-21 学习记录表

表 2-21 "垫片复合模装配图绘制"学习记录表

垫片复合模装配图的绘制	

垫片复合模装配图绘制

序号	项目	结论
1	垫片复合模装配图绘制	
2	垫片复合模主要零件的零件图绘制	

结论：

表 2-22 学习评价表

表 2-22 "垫片复合模装配图绘制" 学习评价表

班级		姓名		学号		日期	
任务名称		垫片复合模装配图绘制					

<table>
<tr><td rowspan="10">自我评价</td><td colspan="3">评价内容</td><td colspan="2">掌握情况</td></tr>
<tr><td>1</td><td colspan="2">垫片复合模装配图绘制</td><td>□是</td><td>□否</td></tr>
<tr><td>2</td><td colspan="2">垫片复合模冲孔凸模零件图绘制</td><td>□是</td><td>□否</td></tr>
<tr><td>3</td><td colspan="2">垫片复合模凸凹模零件图绘制</td><td>□是</td><td>□否</td></tr>
<tr><td>4</td><td colspan="2">垫片复合模落料凹模零件图绘制</td><td>□是</td><td>□否</td></tr>
<tr><td colspan="5">学习效果自评等级：□优　　□良　　□中　　□合格　　□不合格</td></tr>
<tr><td colspan="5">总结与反思：</td></tr>
</table>

小组合作学习评价	评价内容		完成情况				
	1	合作态度	□优	□良	□中	□合格	□不合格
	2	分工明确	□优	□良	□中	□合格	□不合格
	3	交互质量	□优	□良	□中	□合格	□不合格
	4	任务完成	□优	□良	□中	□合格	□不合格
	5	任务展示	□优	□良	□中	□合格	□不合格
	学习效果小组自评等级：□优　　□良　　□中　　□合格　　□不合格						
	小组综合评价：						

教师评价	学习效果教师评价等级：□优　　□良　　□中　　□合格　　□不合格
	教师综合评价：

项目三 ▶▶

直角支架弯曲模具设计

 学习目标

【知识目标】

1. 了解弯曲变形过程及特点；
2. 掌握简单弯曲件工艺性分析的相关知识；
3. 熟悉弯曲件工艺计算方法；
4. 掌握弯曲模具的典型结构组成及结构零件设计的知识；
5. 掌握一般复杂程度弯曲模具的设计方法和步骤。

【能力目标】

1. 能够分析简单弯曲件工艺性，制定加工工艺方案；
2. 能够设计简单和中等复杂程度的弯曲模具；
3. 能够根据弯曲件的废品形式分析其产生原因，制定解决措施；
4. 能够查阅资料获取信息，自主学习新知识、新技术、新标准，具备可持续发展的能力；
5. 具有融会贯通应用知识的能力，具有逻辑思维与创新思维能力。

【素质目标】

1. 具有深厚的爱国情感、国家认同感、中华民族自豪感；
2. 崇德向善、诚实守信、爱岗敬业，具有精益求精的工匠精神；
3. 尊重劳动、热爱劳动，具有较强的实践能力；
4. 具有质量意识、环保意识、安全意识、信息素养、创新精神；
5. 具有较强的团队合作精神，能够进行有效的人际沟通和协作。

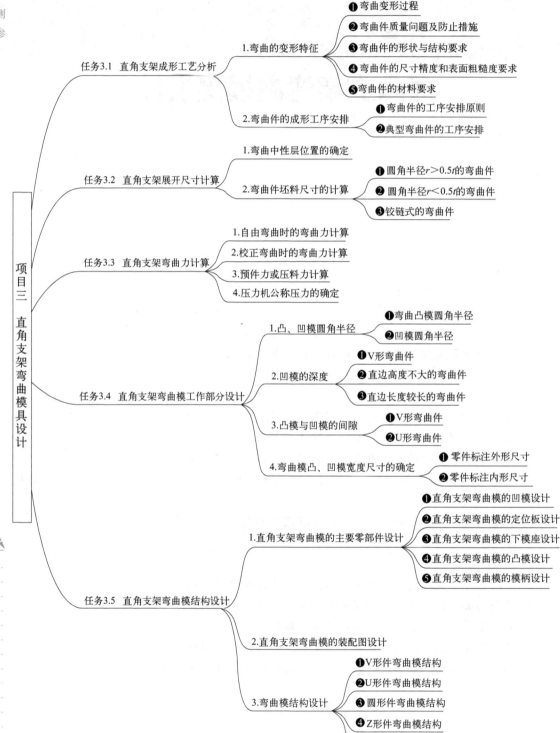

项目描述

导入项目：

某模具厂接到 G 公司的订单：为图 3-1 所示的直角支架零件设计加工模具。直角支架材料为 20 钢，厚度为 2mm，生产批量为中批量；未注公差 IT14；弯曲角为 90°。请你按照客户要求，制定冲压工艺方案，完成零件的模具设计，工作过程需符合 6S 规范。

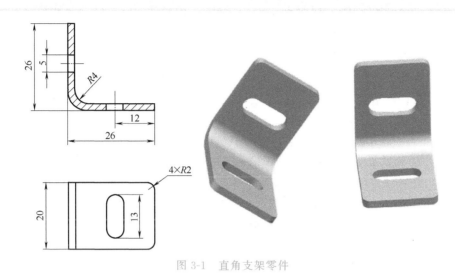

高速弯曲
冲压加工

图 3-1　直角支架零件

任务 3.1　直角支架成形工艺分析

【任务描述】

根据直角支架的结构特点、材料及厚度等，分析零件的成形工艺性，确定工艺方案。

【基本概念】

弯曲：把坯料制成具有一定角度和尺寸要求的制件的一种塑性成形工艺。

最小弯曲半径：弯曲加工时，导致材料开裂之前的临界弯曲半径。

【任务实施】

一、直角支架弯曲工艺分析

1. 直角支架的结构形式、尺寸大小

直角支架零件材料厚度 $t=2mm$，零件结构简单，左右对称，利于弯曲成形；材料允许的最小弯曲半径 $r_{min}=0.1t=0.2mm$，而零件弯曲半径 $r=4mm>0.2mm$，故不会产生弯裂现象。另外，零件上的孔位于弯曲变形区外侧，所以弯曲过程中孔不会发生变形。零件最大外形尺寸为 26mm，属小型冲件。

2. 直角支架的尺寸精度、表面粗糙度、位置精度

直角支架属结构件，未标注公差要求，精度等级可按 IT14 级选取，所以普通冲裁与弯曲即可满足零件的精度要求。零件图中未标注粗糙度、位置精度。相对弯曲半径 $r/t=2<5$，回弹后弯曲半径变化量很小，可不予考虑，只需修正弯曲角。该结构件属于 90° V 形弯曲件，故采用校正弯曲来控制角度回弹。

3. 弯曲件的材料性能

直角支架材料为 20 钢，属优质碳素结构钢，已退火。其抗剪强度 $\tau=275\sim392\mathrm{MPa}$，抗拉强度 $\sigma_\mathrm{b}=353\sim500\mathrm{MPa}$，屈服点 $\sigma_\mathrm{s}=245\mathrm{MPa}$，伸长率 $\delta=25\%$，弹性模量 $E=210\times10^3\mathrm{MPa}$，具有良好的弯曲性能，满足冲压工艺要求。

4. 冲压加工的经济性分析

直角支架零件为中批量生产，采用冲压生产，不但能保证产品的质量，满足生产率要求，还能降低生产成本。

二、弯曲工艺方案的确定

直角支架为 V 形弯曲件，生产包括落料、冲孔和弯曲三个基本工序，可以采用以下两种工艺方案。方案一：先落料，后冲孔，再弯曲。或先落料，后弯曲，再冲孔，采用三套单工序模生产。方案二：落料-冲孔复合冲裁，再弯曲，采用复合模和单工序弯曲模生产。方案二与方案一相比，经济效果较好，精度高，综合分析，故采用该种冲压工艺方案。

【知识链接】

一、弯曲变形特征

1. 弯曲变形过程

V 形件的弯曲是板料弯曲中最基本的一种，其弯曲变形过程如图 3-2 所示。在弯曲的开始阶段，板料的弯曲内侧半径 R_0 大于凸模的圆角半径 R，毛坯是自由弯曲；随着凸模的下压，板料的直边与凹模 V 形表面逐渐靠紧，弯曲半径由 R_0 变为 R_1，弯曲力臂由 L_0 变为 L_1。凸模继续下压，毛坯弯曲区变小，当凸模、板料与凹模三者完全压合，板料的内侧弯曲半径及弯曲力臂达到最小时，弯曲过程结束。

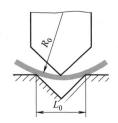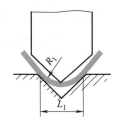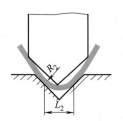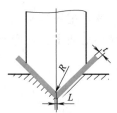

图 3-2　弯曲变形过程

由于板料在弯曲变形过程中弯曲内侧半径逐渐减小，因此弯曲变形部分的变形程度逐渐增加；又由于弯曲力臂逐渐减小，弯曲变形过程中板料与凹模之间有相对滑移现象。

凸模、板料与凹模三者完全压合后，如果再增加一定的压力，对弯曲件施压，则称为校正弯曲。没有这一过程的弯曲称为自由弯曲。

2. 弯曲件质量问题及防止措施

弯曲是一种变形工艺，由于弯曲变形过程中变形区应力应变分布的性质、大小和表现形态不尽相同，加上板料在弯曲过程中要受到凹模摩擦阻力的作用，所以在实际生产中弯曲件容易产生许多质量问题，常见的是回弹、开裂、翘曲与横截面畸变。

（1）回弹

弯曲成形是一种塑性变形工艺。弯曲变形是在力的作用下发生的弹性变形与塑性变形之和，当外力去除后，弹性变形部分就会恢复，弹性变形消失，保留下来的变形量小于加载时的变形量。这种卸载前后变形不相等的现象称为回弹，如图 3-3 所示。弯曲时的回弹会造成弯曲角和制件尺寸误差，使制件与模具的工作零件尺寸不相吻合。

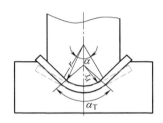

图 3-3　弯曲回弹现象

① 弯曲回弹的表示方法。

弯曲回弹可用 Δ_u、Δ_l 表示：

$$\Delta r = r_T - r \tag{3-1}$$
$$\Delta \alpha = \alpha_T - \alpha \tag{3-2}$$

式中　Δr，$\Delta \alpha$——弯曲半径与弯曲角的回弹值；

r，α——弯曲件的弯曲半径与弯曲角；

r_T，α_T——凸模的半径与角度。

② 影响弯曲回弹的因素。

a. 材料的力学性能。回弹角与材料的屈服强度成正比，和弹性模量成反比。

b. 材料的相对弯曲半径 r/t。r/t 表示弯曲带内材料的变形程度，当其他条件相同时，回弹角随 r/t 值的增大而增大。因此，可按 r/t 的值来确定回弹角的大小。

c. 弯曲件的形状。形状复杂的弯曲件，其弯曲回弹小。一般弯曲 U 形制件时的回弹角比弯曲 V 形制件时的回弹角小。

d. 模具间隙。在弯曲 U 形制件时，模具的间隙对回弹角有较大的影响，间隙越大，回弹角也就越大。

e. 校正程度。在弯曲终了时进行校正，可增加圆角处的塑性变形程度，从而可达到减小回弹的目的。校正程度取决于校正力的大小，校正力的大小是靠调整压力机滑块位置来实现的。校正程度越大，回弹角越小。

③ 减少回弹的措施。

a. 在设计弯曲件产品时考虑减少回弹，可在弯曲部位增加压筋连接带等结构；选材时考虑回弹问题，尽量选择弹性模量较大的材料。

b. 在设计弯曲工艺时，可在弯曲工艺前安排退火工序；用校正弯曲代替自由弯曲；采用拉弯工艺代替压弯。

c. 在设计模具结构时，可留出相应的回弹补偿值，如图 3-4 所示；集中压力，加大变形压应力成分，如图 3-5 所示；合理选择模具间隙和凹模直壁的深度；使用弹性凹模或凸模。

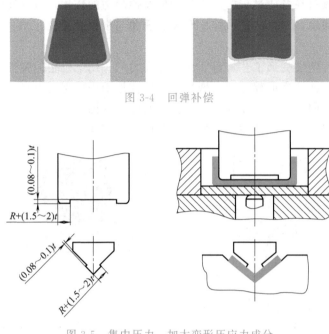

图 3-4　回弹补偿

图 3-5　集中压力、加大变形压应力成分

R—凸模圆角半径；t—料厚

（2）扭曲与翘曲现象

在弯曲过程中，由于弯曲应力的变化、弯曲力矩的不平衡、模具间隙不均匀等原因，使得凸模、凹模对材料的挤压程度不同，会造成制件沿弯曲线方向的翘曲和绕弯曲线方向的扭曲现象，如图 3-6 所示。

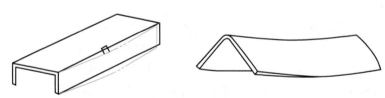

图 3-6　弯曲件的扭曲与翘曲

（3）开裂现象

弯曲过程中板料外层受到拉应力作用，当拉应力超过板料的许用极限时，就会导致开裂，如图 3-7 所示。防止弯曲开裂可采取以下措施：①选择塑性好的材料，采用经过退火或正火处理的软材料；②坯料的表面质量要好，且应无划伤、潜伏裂纹、毛刺及加工硬化等缺陷；③弯曲排样时要注意板料或卷料的轧制方向。

（4）横截面畸变现象

窄板弯曲时，外层切向受拉伸长，引起板宽和板厚的收缩；内层切向受压收缩，使板宽和板厚增加。因此，弯曲变形的结果是板材横截面变为梯形，同时内、外层表面发生微小的翘曲，如图 3-8 所示。当弯曲件的横截面宽度 B 的尺寸精度要求较高时，不允许有横截面畸变现象，这时可在弯曲线两端预先做出工艺切口，如图 3-9 所示。

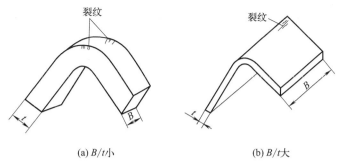

(a) B/t小   (b) B/t大

图 3-7　弯曲开裂

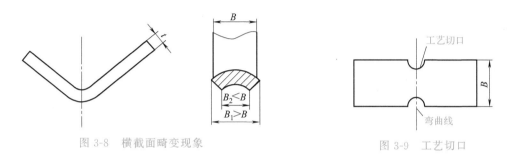

图 3-8　横截面畸变现象

图 3-9　工艺切口

（5）弯曲件成形的其他质量问题

① 偏移。偏移就是弯曲件在弯曲后不对称，在水平方向有移动。主要是由弯曲件或模具不对称及弯曲件两边的摩擦造成的。

② 底部不平。弯曲件底部不平会影响其使用性能、定位性能等。主要原因是没有顶料装置或顶料力不够而使弯曲时板料与底部不能靠紧。要防止底部不平，可采用顶料板，在弯曲时适当加大顶料力。

③ 表面擦伤。表面擦伤是弯曲后弯曲件外表面产生的划伤痕迹等。主要原因：a. 在模具工作零件表面附有较硬的颗粒；b. 凹模的圆角半径太小；c. 凸模与凹模的间隙太小。防止表面擦伤的措施是清洁工作零件表面、采用合理的表面粗糙度值、选用合理的圆角半径及模具间隙。

3. 弯曲件的形状与结构要求

（1）弯曲半径

弯曲件的弯曲半径不宜过大和过小。过大因受回弹的影响，弯曲件的精度不易保证；弯曲半径过小时会产生拉裂。弯曲半径应大于表 3-1 中所列的许可最小相对弯曲半径；否则应选用多次弯曲，并在两次弯曲之间增加中间退火工序。对厚度较大的弯曲件可在弯曲角内侧开槽后再进行弯曲。部分材料的最小弯曲半径值见表 3-1。

表 3-1　最小弯曲半径 r_{min} 数值

材料	退火或正火		加工硬化	
	弯曲线位置			
	垂直纤维	平行纤维	垂直纤维	平行纤维
08、10 钢	0.1t	0.4t	0.4t	0.8t
15、20 钢	0.1t	0.5t	0.5t	1t

材料	退火或正火		加工硬化	
	弯曲线位置			
	垂直纤维	平行纤维	垂直纤维	平行纤维
25、30 钢	$0.2t$	$0.6t$	$0.6t$	$1.2t$
35、40 钢	$0.3t$	$0.8t$	$0.8t$	$1.5t$
45、50 钢	$0.5t$	$1t$	$1t$	$1.7t$
55、60 钢	$0.7t$	$1.3t$	$1.3t$	$2t$
磷铜			$1t$	$3t$
半硬黄铜	$0.1t$	$0.35t$	$0.5t$	$1.2t$
软黄铜	$0.1t$	$0.35t$	$0.35t$	$0.8t$
纯铜	$0.1t$	$0.35t$	$1t$	$2t$
铝	$0.1t$	$0.35t$	$0.5t$	$1t$

注：1. 表中 t 为板料厚度，当弯曲线与纤维方向成一定角度时，可采用垂直和平行纤维方向二者的中间值；

2. 在冲裁或剪切后没有退火的坯料弯曲时，应作硬化的金属选；

3. 弯曲时应使有毛刺的一边处于弯角的内侧。

（2）弯曲件的几何形状

弯曲件应尽量设计成对称状，弯曲半径左右一致，以防止弯曲变形时坯料受力不均而产生偏移。若弯曲件的形状对称，则弯曲时坯料受力平衡而无滑动，如图 3-10（a）所示。如果弯曲件不对称，由于摩擦阻力不均匀，坯料在弯曲过程中会产生滑动，造成偏移，如图 3-10（b）所示。

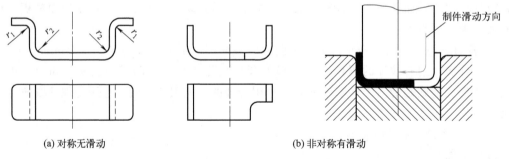

(a) 对称无滑动　　　　　　　　　　　　　(b) 非对称有滑动

图 3-10　形状对称与不对称的弯曲件成形

（3）弯边高度

弯曲件的弯边高度不宜过小，其值应满足 $h > r + 2t$，如图 3-11（a）所示。当直壁段高度 h 较小时，弯边在模具上支持的长度过小，不容易形成足够的弯矩，很难得到形状准确的制件。当 $h < r + 2t$ 时，则须预先压槽，或增加弯边高度，弯曲后再切除工艺余料，如图 3-11（b）所示。如果所弯直边带有斜角，则在斜边高度 $h < r + 2t$ 的区段不可能弯曲得到要求的角度，而且此处也容易开裂，因此必须改变弯曲件的形状，以加高弯边。

（4）设置工艺孔或切槽防止弯曲根部裂纹

在局部弯曲某一段边缘时，为避免弯曲根部撕裂，应在弯曲部分与不弯曲部分之间切工艺槽，或在弯曲前冲出工艺孔，如图 3-12 所示。

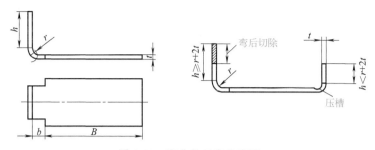

图 3-11　弯曲件的弯边高度

（5）孔边距离

弯曲有孔的工件时，如果孔位于弯曲变形区内，则弯曲时孔会发生变形，为此必须使孔处于变形区之外。一般孔边至弯曲半径 r 中心的距离 l 根据料厚确定：当 $t<2mm$ 时，$l \geqslant t$；$t \geqslant 2mm$ 时，$l \geqslant 2t$。

如果孔边至弯曲半径 r 中心的距离过小，为防止弯曲时孔发生变形，可在弯曲线上冲工艺孔或工艺槽，如图 3-13 所示。如孔的精度要求较高，则应先弯曲后冲孔。

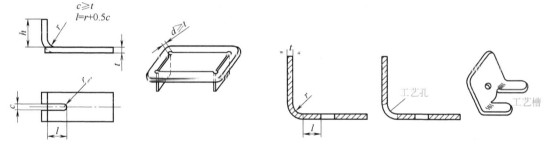

图 3-12　弯曲件的切工艺槽和工艺冲孔　　　　　图 3-13　弯曲件的孔边距离

（6）增添连接带和定位工艺孔

对于变形区附近有缺口的弯曲件，若在坯料上先将缺口冲出，弯曲时会出现变形，严重时无法成形，这时应在缺口处留连接带，待弯曲成形后再将连接带切除。为保证坯料在弯曲模内准确定位，或防止在弯曲过程中坯料偏移，最好能在坯料上预先增添定位工艺孔，如图 3-14 所示。

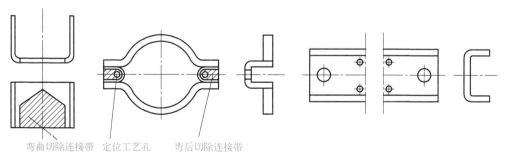

弯曲切除连接带　　定位工艺孔　　弯后切除连接带

图 3-14　增添连接带和定位工艺孔的弯曲件

（7）尺寸标注

尺寸标注对弯曲件的工艺性有很大的影响。例如，图 3-15 所示是弯曲件上孔的位置尺寸的 3 种标注方法。对于图 3-15（a）所示的标注，孔的位置精度不受坯料展开长度和回弹的影响，将大大简化工艺设计；图 3-15（b）、（c）所示的标注受弯曲回弹的影响，冲孔只能安排在弯曲之后进行，增加了工序，还会造成许多不便。因此，在不要求弯曲件有一定的装配关系时，应尽量考虑冲压工艺的方便来标注尺寸。

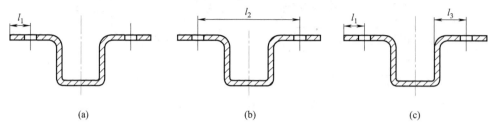

图 3-15　尺寸标注对弯曲件的影响

4. 弯曲件的尺寸精度和表面粗糙度要求

弯曲件的精度受坯料定位、偏移、翘曲和回弹等因素影响，弯曲的工序数目越多，精度越低。对弯曲件的精度要求应合理，一般弯曲件长度的尺寸公差等级在 IT13 级以下，角度公差大于 $15'$。弯曲件长度未注公差的极限偏差见表 3-2，弯曲件角度的自由公差见表 3-3。

表 3-2　弯曲件未注公差的长度尺寸的极限偏差　　　　　　　　　　单位：mm

长度尺寸	3～6	6～18	18～50	50～120	120～260	260～500	
材料厚度	≤2	±0.3	±0.4	±0.6	±0.8	±1.0	±1.5
	2～4	±0.4	±0.6	±0.8	±1.2	±1.5	±2.0
	>4	—	±0.8	±1.0	±1.5	±2.0	±2.5

表 3-3　弯曲件角度的自由公差

	l/mm	≤6	6～10	10～18	18～30	30～50
	$\Delta\beta$	±3°	±2°30′	±2°	±1°30′	±1°15′
	l/mm	50～80	80～120	120～180	180～260	260～360
	$\Delta\beta$	±1°	±50′	±40′	±30′	±25′

冲裁毛刺与弯曲方向的关系。弯曲件的毛坯往往是经冲裁落料而成的，其冲裁的断面一面是光亮的，另一面带有毛刺。弯曲件应尽可能使有毛刺一面作为弯曲件的内侧，当弯曲方向必须将毛刺面置于外侧时，应尽量加大弯曲半径。

5. 弯曲件的材料要求

如果弯曲件的材料具有足够的塑性，屈强比（R_{eL}/R_m）小，屈服强度与弹性模量的比值小，则有利于弯曲成形和制件质量的提高。如低碳钢、黄铜和铝等材料的弯曲成形性能好。而脆性较大的材料，如磷青铜、铍青铜、弹簧钢等，其最小相对弯曲半径 r_{min}/t 大，回弹大，不利于成形。

二、弯曲件的成形工序安排

弯曲件的成形工序安排即弯曲成形工艺方案的确定，它是指根据弯曲件的结构和形状分析需要的冲压工序，比较冲压工序的组合形式，并确定各工序的先后顺序。

1. 弯曲件的工序安排原则

弯曲件的工序安排应根据弯曲件的形状、公差等级、生产批量及材料的力学性能等因素进行考虑。弯曲工序安排合理，则可以简化模具结构，提高制件质量和劳动生产率。

① 对于形状简单的弯曲件，如 V 形件、U 形件、Z 形件等，可以采用一次弯曲成形；对于形状复杂的弯曲件，一般需要采用二次或多次弯曲成形。

② 对于批量大而尺寸较小的弯曲件，考虑到操作方便、定位准确和提高生产率，应尽可能采用级进模或复合模。

③ 需多次弯曲时，弯曲次序一般是先弯两端，后弯中间；前次弯曲应考虑后次弯曲有可靠的定位，而后次弯曲不能影响前次已成形的形状。

④ 当弯曲件的几何形状不对称时，为避免压弯时坯料偏移，应尽量采用成对弯曲，然后再切成两件的工艺。

⑤ 对于多角弯曲件，因变形会影响弯曲件的形状精度，故一般应先弯曲外角，后弯曲内角，前次弯曲要给后次弯曲留出可靠的定位，并保证后次弯曲不影响前次已弯曲的形状。

2. 典型弯曲件的工序安排

① 一次弯曲成形工序。V 形、U 形、Z 形和 L 等形状简单的弯曲制件可一次弯曲成形，如图 3-16 所示。

图 3-16 一次弯曲成形工序

② 二次、三次弯曲成形工序，如图 3-17、图 3-18 所示。形状较为复杂的弯曲件需要采用二次、三次或多次弯曲成形。但对于某些尺寸小、材料厚度薄、形状较复杂的弹性接触件，应采用一次复合弯曲成形，使之定位准确，操作方便。

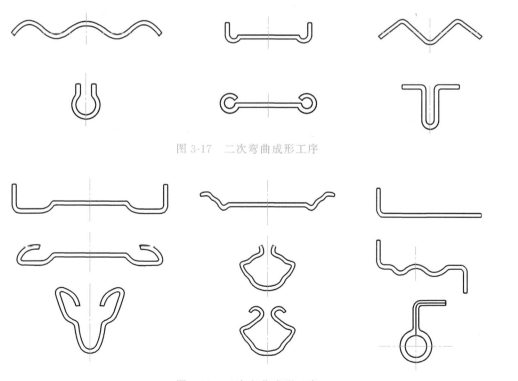

图 3-17 二次弯曲成形工序

图 3-18 三次弯曲成形工序

从 C919 国产大飞机，见证中国高端制造的创新发展

2022 年 5 月 14 日 6 时 52 分，编号为 B-001J 的 C919 大飞机（图 3-19）从浦东机场第 4 跑道起飞，于 9 时 54 分安全降落，C919 大飞机首次飞行试验圆满完成。随后，C919 大型客机取得中国民用航空局型号合格证，这标志着我国具备了按照国际通行适航标准研制大型客机的能力，是我国大飞机事业征程上的重要里程碑。商用飞机作为人类有史以来最复杂的工业产品之一，前后牵涉上百万个零部件，被称为"现代工业皇冠上的明珠"。大飞机是现代高新科技的高度集成，涉及新材料、现代制造、先进动力、电子信息、自动控制、计算机等众多领域。据公开消息，历经 15 年攻坚克难，我国成功攻克了 100 余项制约我国大型客机研制的核心技术，其中就涉及各类关键零件制造的模具工艺装备研发等。C919 大飞机是中国制造创新发展的最好见证。

图 3-19　C919 大飞机

【检测评价】

"直角支架成形工艺分析"学习记录表和学习评价表见表 3-4、表 3-5。

表 3-4 学习记录表

表 3-4 "直角支架成形工艺分析"学习记录表

直角支架成形工艺分析	

直角支架成形工艺分析		
序号	项目	结论
1	直角支架的形状与结构成形工艺性分析	
2	直角支架的尺寸精度和表面粗糙度成形工艺性分析	
3	直角支架的材料成形工艺性分析	
4	直角支架的成形工序安排	

结论：

表 3-5 学习评价表

表 3-5 "直角支架成形工艺分析"学习评价表

班级		姓名		学号		日期	

任务名称		直角支架成形工艺分析						

		评价内容		掌握情况	
自我评价	1	弯曲件质量问题及防止措施		□是	□否
	2	弯曲件结构和形状——弯曲半径		□是	□否
	3	弯曲件结构和形状——几何形状		□是	□否
	4	弯曲件结构和形状——弯边高度		□是	□否
	5	弯曲件结构和形状——工艺孔或切槽		□是	□否
	6	弯曲件结构和形状——孔边距离		□是	□否
	7	弯曲件结构和形状——增添连接带和定位工艺孔		□是	□否
	8	弯曲件结构和形状——尺寸标注		□是	□否
	9	弯曲件的尺寸精度和表面粗糙度要求		□是	□否
	10	弯曲件的材料要求		□是	□否
	11	弯曲件的工序安排原则		□是	□否
	12	弯曲件的工序安排		□是	□否
	学习效果自评等级：□优　　□良　　□中　　□合格　　□不合格				
	总结与反思：				

		评价内容	完成情况				
小组合作学习评价	1	合作态度	□优	□良	□中	□合格	□不合格
	2	分工明确	□优	□良	□中	□合格	□不合格
	3	交互质量	□优	□良	□中	□合格	□不合格
	4	任务完成	□优	□良	□中	□合格	□不合格
	5	任务展示	□优	□良	□中	□合格	□不合格
	学习效果小组自评等级：□优　　□良　　□中　　□合格　　□不合格						
	小组综合评价：						

教师评价	学习效果教师评价等级：□优　　□良　　□中　　□合格　　□不合格
	教师综合评价：

任务 3.2 直角支架展开尺寸计算

【任务描述】

确定直角支架零件的中性层位置，并根据弯曲件毛坯展开尺寸计算公式，计算直角支架的毛坯展开尺寸。

【任务实施】

根据零件图可知，$r/t=2$，经查表得中性层位移系数 $x=0.38$，所以坯料展开长度为

$$L_z=[20+20+1.57\times(4+0.38\times2)]=47.5\ (mm)$$

由于零件宽度尺寸为 20mm，故坯料尺寸应为 47.5mm×20mm。

【知识链接】

一、弯曲中性层位置的确定

计算弯曲件的毛坯尺寸时，需首先确定中性层的位置。根据中性层的定义，弯曲件的坯料长度应等于中性层的展开长度。弯曲中性层位置如图 3-20 所示，以曲率半径 ρ 表示，通常用下面的经验公式确定：

$$\rho=r+xt \tag{3-3}$$

式中　ρ——中性层弯曲半径，mm；

　　　r——零件的内弯曲半径，mm；

　　　t——材料厚度，mm；

　　　x——中性层位移系数，见表 3-6。

表 3-6　中性层位移系数 x

r/t	0.1	0.2	0.3	0.4	0.5	0.6	0.7	0.8	1	1.2
x	0.21	0.22	0.23	0.24	0.25	0.26	0.27	0.28	0.31	0.33
r/t	1.3	1.5	2	2.5	3	4	5	6	7	≥8
x	0.34	0.36	0.38	0.39	0.4	0.42	0.44	0.46	0.48	0.5

二、弯曲件坯料尺寸的计算

中性层位置确定后，对于形状比较简单、尺寸精度要求不高的弯曲件，可直接采用下面介绍的方法计算坯料长度。而对于形状比较复杂或精度要求高的弯曲件，在利用式（3-4）初步计算坯料长度后，还需反复试弯、不断修正，才能最后确定坯料的形状及尺寸。

1. 圆角半径 $r>0.5t$ 的弯曲件

对于 $r>0.5t$ 的弯曲件，由于变薄不严重，按中性层展开的原理，坯料总长度应等于弯曲件直线部分和圆弧部分长度之和，如图 3-21 所示。

$$L_z=l_1+l_2+\frac{\pi\alpha}{180}\rho=l_1+l_2+\frac{\pi\alpha}{180}(r+xt) \tag{3-4}$$

式中　L_z——坯料展开总长度，mm；

　　　α——弯曲件的弯曲中心角，(°)。

2. 圆角半径 r<0.5t 的弯曲件

对于 $r<0.5t$ 的弯曲件，由于弯曲变形时不仅制件的圆角变形区产生严重变薄，而且与其相邻的直边部分也变薄，故应按变形前后体积不变的条件确定坯料长度。通常采用表 3-7 所列经验公式计算求得。

3. 铰链式的弯曲件

对于 $r=(0.6\sim3.5)t$ 的铰链件，如图 3-22 所示。通常采用推圆的方法成形，在卷圆过程中板料增厚，中性层外移，其坯料长度 L_z，可按式（3-5）近似计算：

$$L_z=l+1.5\pi(r+x_1t)+r\approx1+5.7r+4.7x_1t \tag{3-5}$$

式中　l——直线段的长度；

　　　r——铰链内半径；

　　　x_1——中性层位移系数，查表 3-8。

表 3-7　$r<0.5t$ 的弯曲件坯料长度计算公式

简图	计算公式	简图	计算公式
	$L_z=l_1+l_2+0.4t$		$L_z=l_1+l_2+l_3+0.6t$（一次同时弯曲两个角）
	$L_z=l_1+l_2-0.43t$		$L_z=l_1+2l_2+2l_3+t$（一次同时弯曲四个角） $L_z=l_1+l_2+l_3+1.2t$（分两次弯曲四个角）

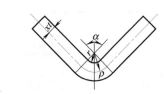

图 3-20　弯曲中性层位置

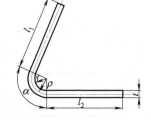

图 3-21　$r>0.5t$ 的弯曲

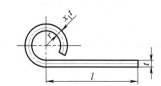

图 3-22　铰链式弯曲件

表 3-8　卷边时中性层位移系数 x_1

r/t	0.5～0.6	0.6～0.8	0.8～1	1～1.2	1.2～1.5	1.5～1.8	1.8～2	2～2.2	>2.2
x_1/mm	0.76	0.73	0.7	0.67	0.64	0.61	0.58	0.54	0.5

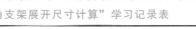

表 3-9 学
习记录表

【检测评价】

"直角支架展开尺寸计算"学习记录表和学习评价表见表 3-9、表 3-10。

表 3-9 "直角支架展开尺寸计算"学习记录表

直角支架展开尺寸计算		
直角支架展开尺寸计算		
序号	项目	结论
1	直角支架中性层位置的确定	
2	直角支架毛坯尺寸展开计算	

结论：

表 3-10 学习评价表

表 3-10 "直角支架展开尺寸计算"学习评价表

班级		姓名		学号		日期	
任务名称		直角支架展开尺寸计算					

<table>
<tr><td rowspan="8">自我评价</td><td colspan="4">评价内容</td><td colspan="2">掌握情况</td></tr>
<tr><td>1</td><td colspan="3">弯曲中性层位置的确定</td><td>□是</td><td>□否</td></tr>
<tr><td>2</td><td colspan="3">圆角半径 $r>0.5t$ 的弯曲件展开尺寸计算</td><td>□是</td><td>□否</td></tr>
<tr><td>3</td><td colspan="3">圆角半径 $r<0.5t$ 的弯曲件展开尺寸计算</td><td>□是</td><td>□否</td></tr>
<tr><td>4</td><td colspan="3">铰链式的弯曲件展开尺寸计算</td><td>□是</td><td>□否</td></tr>
<tr><td colspan="6">学习效果自评等级：□优　　□良　　□中　　□合格　　□不合格</td></tr>
<tr><td colspan="6">总结与反思：</td></tr>
</table>

<table>
<tr><td rowspan="8">小组合作
学习评价</td><td colspan="2">评价内容</td><td colspan="5">完成情况</td></tr>
<tr><td>1</td><td>合作态度</td><td>□优</td><td>□良</td><td>□中</td><td>□合格</td><td>□不合格</td></tr>
<tr><td>2</td><td>分工明确</td><td>□优</td><td>□良</td><td>□中</td><td>□合格</td><td>□不合格</td></tr>
<tr><td>3</td><td>交互质量</td><td>□优</td><td>□良</td><td>□中</td><td>□合格</td><td>□不合格</td></tr>
<tr><td>4</td><td>任务完成</td><td>□优</td><td>□良</td><td>□中</td><td>□合格</td><td>□不合格</td></tr>
<tr><td>5</td><td>任务展示</td><td>□优</td><td>□良</td><td>□中</td><td>□合格</td><td>□不合格</td></tr>
<tr><td colspan="7">学习效果小组自评等级：□优　　□良　　□中　　□合格　　□不合格</td></tr>
<tr><td colspan="7">小组综合评价：</td></tr>
</table>

<table>
<tr><td rowspan="2">教师评价</td><td>学习效果教师评价等级：□优　　□良　　□中　　□合格　　□不合格</td></tr>
<tr><td>教师综合评价：</td></tr>
</table>

任务 3.3 直角支架弯曲力计算

【任务描述】

计算直角支架零件成形弯曲力大小，并选择弯曲压力机的吨位。

【任务实施】

一、弯曲力计算

为保证弯曲角度要求，故采用校正弯曲方式。经查表，取 20 钢单位面积校正压力 $P=100\text{MPa}$，则校正弯曲力为：

$$F_{校}=AP=735.5\text{mm}^2\times100\text{MPa}=73550\text{N}$$

生产中为了安全，取 $F_{压力机}=1.3F_{校}=1.3\times73550=95615$（N）$=95.615$（kN）

二、压力机选择

所选压力机的标称压力应大于总冲压力，查表，初步选择型号为 J23-10 的开式压力机，压力机参数如下所示：公称压力为 100kN；滑块行程为 45mm；压力机工作台面尺寸为 240mm×370mm（前后×左右）；压力机工作台漏料孔尺寸为 130mm×200mm（前后×左右），台孔直径为 170mm；滑块模柄孔尺寸为 30mm×55mm；压力机最大闭合高度为 180mm；连杆调节量为 35mm。

【知识链接】

弯曲力是设计弯曲模和选择压力机吨位的重要依据。由于弯曲力受材料性能、零件形状、弯曲方法和模具结构等诸多因素的影响，难以准确计算出来，实际生产一般采用经验公式来确定。

一、自由弯曲时的弯曲力计算

V 形件弯曲力

$$F_{自}=\frac{0.6KBt^2\sigma_{b}}{r+t} \tag{3-6}$$

U 形件弯曲力

$$F_{自}=\frac{0.7KBt^2\sigma_{b}}{r+t} \tag{3-7}$$

式中　$F_{自}$——自由弯曲在冲压行程结束时的弯曲力，N；

　　　B——弯曲件的宽度，mm；

　　　t——弯曲材料的厚度，mm；

r——弯曲件的内弯曲半径，mm；

σ_b——材料的抗拉强度，MPa；

K——安全系数，一般取 $K=1.3$。

二、校正弯曲时的弯曲力计算

$$F_{校}=AP \tag{3-8}$$

式中　$F_{校}$——校正弯曲应力，N；

A——校正部分投影面积，mm^2；

P——单位面积校正压力，MPa，其值见表 3-11。

表 3-11　单位面积校正压力 P

材料	料厚 t/mm		材料	料厚 t/mm	
	～3	3～10		～3	3～10
铝	30～40	50～60	10～20 钢	80～100	100～120
黄铜	60～80	80～100	25～35 钢	100～120	120～150

三、顶件力或压料力计算

若弯曲模设有顶件装置或压料装置，其顶件力 F_D（或压料力 F_Y）可近似取自由弯曲力的 $30\%\sim80\%$，即

$$F_D=(0.3\sim0.8)F_{自} \tag{3-9}$$

四、压力机公称压力的确定

对于有压料的自由弯曲：

$$F_{压机}\geqslant(1.6\sim1.8)(F_{自}+F_Y) \tag{3-10}$$

对于校正弯曲：

$$F_{压机}\geqslant(1.1\sim1.3)F_{校} \tag{3-11}$$

"直角支架弯曲力计算"学习记录表和学习评价表见表 3-12、表 3-13。

表 3-12 学习记录表

表 3-12　"直角支架弯曲力计算"学习记录表

直角支架弯曲力计算	

直角支架弯曲力计算		
序号	项目	结论
1	直角支架弯曲力计算	
2	直角支架成形压力机选择	

结论：

表 3-13 学习评价表

表 3-13 "直角支架弯曲力计算"学习评价表

班级		姓名		学号		日期	
任务名称			直角支架弯曲力计算				

	评价内容			掌握情况	
	1	自由弯曲时的弯曲力计算		☐是	☐否
	2	校正弯曲时的弯曲力计算		☐是	☐否
	3	顶件力或压料力计算		☐是	☐否
	4	压力机公称压力的确定		☐是	☐否
自我评价	学习效果自评等级：☐优　　☐良　　☐中　　☐合格　　☐不合格				
	总结与反思：				

	评价内容	完成情况				
	1	合作态度	☐优	☐良	☐中	☐合格	☐不合格
	2	分工明确	☐优	☐良	☐中	☐合格	☐不合格
	3	交互质量	☐优	☐良	☐中	☐合格	☐不合格
	4	任务完成	☐优	☐良	☐中	☐合格	☐不合格
	5	任务展示	☐优	☐良	☐中	☐合格	☐不合格
小组合作学习评价	学习效果小组自评等级：☐优　　☐良　　☐中　　☐合格　　☐不合格					
	小组综合评价：					

教师评价	学习效果教师评价等级：☐优　　☐良　　☐中　　☐合格　　☐不合格
	教师综合评价：

任务 3.4 直角支架弯曲模工作部分设计

【任务描述】

根据直角支架零件特点和尺寸，设计凸、凹模的宽度、深度尺寸和圆角半径、凹模深度等。

【任务实施】

一、直角支架凸、凹模圆角半径的选用

因 $r/t = 2 < 8$，且大于 r_{min}/t，故取凸模圆角半径等于弯曲件的圆角半径 $r_凸 = 4mm$；坯料厚度 $t = 2mm$，凹模圆角半径 $r_凹 = 6mm$。

二、凹模深度的选用

经查表，选取凹模深度 $l_0 = 15mm$，凹模底部最小厚度 h 不小于 20mm，根据装模高度可适当修正。

三、凸、凹模间隙的选用

V 形零件弯曲时，凸模与凹模之间的间隙是靠调整压力机的闭合高度来控制的，设计过程可不考虑。

【知识链接】

弯曲模工作零件的设计主要是确定凸、凹模工作部分的圆角半径，凹模工作部分的深度，弯曲凸模、凹模之间的间隙，凸模和凹模工作尺寸及制造公差，这些尺寸对保证弯曲件质量有直接关系。

一、凸、凹模圆角半径

1. 弯曲凸模圆角半径 r_T

当弯曲件的内侧弯曲半径 r 大于允许的最小弯曲圆角半径 r_{min} 时，凸模的圆角半径 r_T 一般等于弯曲件的圆角半径，即 $r_T = r$；若因结构需要，弯曲件的内侧弯曲半径 r 必须小于允许的最小弯曲圆角半径 r_{min} 时，首次弯曲可先弯成较大的圆角半径，然后采用整形工序进行整形，使其满足弯曲件圆角的要求；若弯曲件的相对弯曲半径 $r/t > 8$，精度要求较高时，由于圆角半径的回弹大，凸模的圆角半径应根据回弹值的大小对凸模圆角半径进行修正。

2. 凹模圆角半径 r_A

凹模的圆角半径 r_A 的大小对弯曲变形力和制件质量均有较大影响，同时还关系到凹模厚度的确定。凹模圆角半径过小，坯料拉入凹模的滑动阻力大，使制件表面易擦伤甚至出现压痕。凹模圆角半径过大，会影响坯料定位的准确性。凹模两边的圆角要求制造均匀一致，

当两边圆角有差异时，毛坯两侧移动速度不一致，会使其发生偏移。生产中凹模圆角半径常根据材料的厚度 t 来选择：

当 $t \leqslant 2$mm 时，$r_A = (3 \sim 6)t$；当 $t = 2 \sim 4$mm 时，$r_A = (2 \sim 3)t$；当 $t > 4$mm 时，$r_A = 2t$。

V形弯曲凹模其底部圆角半径可依据弯曲变形区坯料变薄的特点取 $r_A = (0.6 \sim 0.8)(r_T + t)$ 或者在底部开退刀槽。

二、凹模的深度

弯曲凹模深度要适当。过小时，坯件弯曲变形的两直边自由部分长，弯曲件成形后回弹大，而且直边不平直。若过大，则模具材料消耗多，而且要求压力机具有较大的行程，最大弯曲力提前出线，不利于压力机工作。对于弯曲 V 形件时，如图 3-23（a）所示，凹模深度及底部最小厚度参见表 3-14，同时应保证凹模开口宽度不大于弯曲坯料展开长度的 0.8 倍。

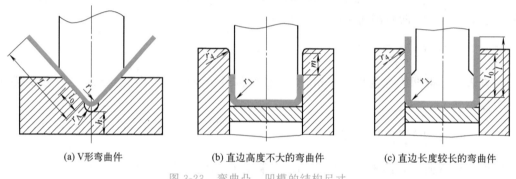

(a) V形弯曲件　　　　(b) 直边高度不大的弯曲件　　　　(c) 直边长度较长的弯曲件

图 3-23　弯曲凸、凹模的结构尺寸

对于 U 形件弯曲模，若直边高度不大或要求两边平直，则凹模深度应大于制件直边高度，如图 3-23（b）所示，m 为凹模与 U 形件直边高度差，凹模深度 h_0 的值可参见表 3-15；若弯曲件直边较长，且平面度要求不高，则凹模深度可小于制件直边高度，如图 3-23（c）所示，凹模深度 l_0 的值可见表 3-16。

表 3-14　弯曲 V 形件的凹模深度及底部最小厚度值 h　　　　单位：mm

弯曲件边长 l	材料厚度 t					
	$\leqslant 2$		$2 \sim 4$		> 4	
	h	L_0	h	L_0	h	L_0
10~25	20	10~15	22	15	—	—
25~50	22	15~20	27	25	32	30
50~75	27	20~25	32	30	37	35
75~100	32	25~30	37	35	42	40
100~150	37	30~35	42	40	47	50

表 3-15　弯曲 U 形件的凹模深度 h_0　　　　单位：mm

材料厚度 t	$\leqslant 1$	$> 1 \sim 2$	$> 2 \sim 3$	$> 3 \sim 4$	$> 4 \sim 5$	$> 5 \sim 6$	$> 6 \sim 7$	$> 7 \sim 8$	$> 8 \sim 10$
h_0	3	4	5	6	8	10	15	20	25

表 3-16　弯曲 U 形件的凹模深度 l_0　　　　　　　　　单位：mm

弯曲件的边长 l	材料厚度 t				
	≤1	1～2	2～4	4～6	6～10
<50	15	20	25	30	35
50～75	20	25	30	35	40
75～100	25	30	35	40	40
100～150	30	35	40	50	50
150～200	40	45	55	65	65

三、凸模与凹模的间隙

弯曲 V 形件时，凸模与凹模之间的间隙是靠调整压力机的装模高度来控制的。设计的模具必须考虑使模具闭合时，模具的工作部分与坯料能紧密贴合，以保证弯曲质量。

对于 U 形弯曲件，凸、凹模之间的间隙值对弯曲件回弹、表面质量和弯曲力均有很大的影响，间隙越大，回弹越大，工件的精度也越低；间隙越小，会使零件壁部厚度减薄，降低模具寿命。弯曲模凸、凹模之间的间隙指单边间隙 Z 一般可按式（3-10）计算：

$$Z = t_{\max} + xt = t + \Delta + xt \qquad (3-12)$$

式中　Z——弯曲凸凹模的单边间隙，mm；

　　　t——工件材料厚度（公称尺寸），mm；

　　　Δ——工件材料厚度的正偏差，mm；

　　　x——间隙系数。

表 3-17　U 形件弯曲模的凸、凹模间隙系数 x　　　　　　　　单位：mm

弯曲件高度 H/mm	$B/H \leq 2$				$B/H > 2$				
	材料厚度 t/mm								
	≤0.5	0.6～2	2.1～4	4.1～5	≤0.5	0.6～2	2.1～4	4.1～7.5	7.6～12
10	0.05	0.05	0.04	—	0.10	0.10	0.08	—	—
20				0.03					
35	0.07				0.15			0.06	0.08
50	0.10	0.07	0.05	0.04	0.20	0.15	0.10		
75									0.08
100				0.05				0.10	
150	—	0.10	0.07		—	0.20	0.15		0.10
200				0.07				0.15	

注：B/H 为弯曲件的宽度和高度之比。

当工件精度要求较高时，其间隙应适当缩小，取 $Z = t$。某些情况，甚至选取略小于材料厚度的间隙。

【知识拓展】

弯曲模凸、凹模宽度尺寸的确定

弯曲模的工作尺寸主要是 U 形件弯曲凸模、凹模的宽度尺寸及其公差。其他形状制件的弯曲模工作尺寸的确定没有统一的计算公式，应根据具体的形状分析计算。

确定 U 形件弯曲凸模、凹模宽度尺寸及其公差的原则是：

弯曲件标注外形尺寸时，应以凹模为基准件，间隙取在凸模上；

弯曲件标注内形尺寸时，应以凸模为基准件，间隙取在凹模上。

基准凸模、凹模的尺寸及其公差则应根据弯曲件的尺寸及公差、回弹情况和模具磨损规律等因素确定。

1. 零件标注外形尺寸

弯曲件标注外形尺寸时，如图 3-24 所示，凹模的宽度尺寸为：

$$B_{\rm d}=(B-0.75\Delta)^{+\delta_{\rm d}}_{0} \tag{3-13}$$

凸模尺寸按照凹模配制，保证单边间隙 Z，即：

$$B_{\rm d}=(B_{\rm d}-2Z)^{0}_{-\delta_{\rm p}} \tag{3-14}$$

式中　B——弯曲件的宽度公称尺寸，按单边偏差要求标注的公称尺寸；

　　　Δ——弯曲件的制造公差；

　$\delta_{\rm d}$、$\delta_{\rm p}$——凹模和凸模的制造公差，按公差等级 IT6～IT8 选取。

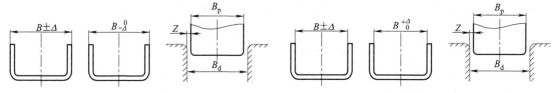

图 3-24　弯曲件标注外形尺寸　　　　　　　图 3-25　弯曲件标注内形尺寸

2. 零件标注内形尺寸

弯曲件标注内形尺寸时，如图 3-25 所示，凸模的宽度尺寸为：

$$B_{\rm p}=(B+0.75\Delta)^{0}_{-\delta_{\rm p}} \tag{3-15}$$

凸模尺寸按照凹模配制，保证单边间隙 Z，即：

$$B_{\rm d}=(B_{\rm p}+2Z)^{+\delta_{\rm d}}_{0} \tag{3-16}$$

表 3-18 学
习记录表

【检测评价】

"直角支架弯曲模工作部分设计"学习记录表和学习评价表见表 3-18、表 3-19。

表 3-18 "直角支架弯曲模工作部分设计"学习记录表

直角支架弯曲模工作部分设计	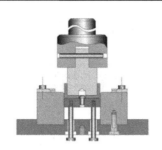

直角支架弯曲模工作部分设计		
序号	项目	结论
1	直角支架凸、凹模圆角半径的选用	
2	直角支架模具凹模深度的选用	
3	直角支架模具凸、凹模间隙的选用	

结论:

表 3-19 学
习评价表

表 3-19 "直角支架弯曲模工作部分设计"学习评价表

班级		姓名		学号		日期	
任务名称		直角支架弯曲模工作部分设计					

<table>
<tr><td rowspan="14">自我评价</td><td colspan="4">评价内容</td><td colspan="2">掌握情况</td></tr>
<tr><td>1</td><td colspan="3">凸、凹模圆角半径的选用</td><td>□是</td><td>□否</td></tr>
<tr><td>2</td><td colspan="3">凹模深度的选用</td><td>□是</td><td>□否</td></tr>
<tr><td>3</td><td colspan="3">凸、凹模间隙的选用</td><td>□是</td><td>□否</td></tr>
<tr><td>4</td><td colspan="3">弯曲模凸、凹模宽度尺寸的确定</td><td>□是</td><td>□否</td></tr>
<tr><td colspan="6">学习效果自评等级：□优　　□良　　□中　　□合格　　□不合格</td></tr>
<tr><td colspan="6">总结与反思：</td></tr>
</table>

小组合作学习评价	评价内容		完成情况				
	1	合作态度	□优	□良	□中	□合格	□不合格
	2	分工明确	□优	□良	□中	□合格	□不合格
	3	交互质量	□优	□良	□中	□合格	□不合格
	4	任务完成	□优	□良	□中	□合格	□不合格
	5	任务展示	□优	□良	□中	□合格	□不合格
	学习效果小组自评等级：□优　　□良　　□中　　□合格　　□不合格						
	小组综合评价：						

教师评价	学习效果教师评价等级：□优　　□良　　□中　　□合格　　□不合格
	教师综合评价：

任务 3.5　直角支架弯曲模结构设计

【任务描述】

设计直角支架弯曲模的凸模和凹模等，绘制零件图；确定直角支架弯曲模的整体结构，绘制模具装配图。

【任务实施】

直角支架
弯曲模

一、直角支架弯曲模的主要零部件设计

1. 直角支架弯曲模的凹模设计

凹模的外形尺寸、刃口尺寸及公差可查表计算结果，表面粗糙度可查表确定，凹模材料为 T10A，热处理要求为 $56\sim60$HRC。凹模零件图如图 3-26 所示。

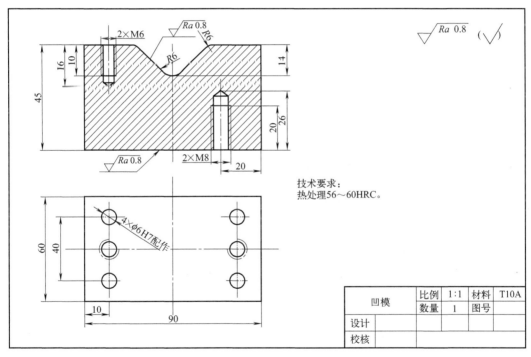

图 3-26　直角支架弯曲模凹模

2. 直角支架弯曲模的定位板设计

定位板是利用冲裁后坯料的外形尺寸进行定位，保证弯曲精度的零件。结构尺寸依据坯料展开尺寸确定，定位板与坯料配合通常取极限偏差为 h8，厚度等于坯料厚度（$t+1$）mm。

3. 直角支架弯曲模的下模座设计

下模座以凹模外形尺寸为参考进行设计，同时考虑模具与压力机的安装关系及闭合高度的调节功能。

4. 直角支架弯曲模的凸模设计

凸模基本尺寸以制件外形尺寸为参考，并与模柄尺寸相配合。圆角半径及尺寸可通过查表计算结果，表面粗糙度可查表确定，凸模材料为 T10A，热处理要求为 56～60HRC。凸模零件图见图 3-27。

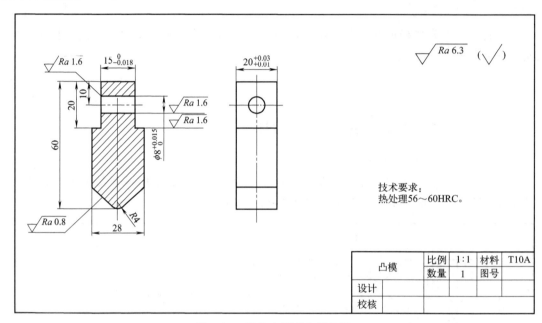

图 3-27　直角支架弯曲模凸模

5. 直角支架弯曲模的模柄设计

模柄结构根据制件尺寸，采用槽形模柄形式，结构、尺寸、材料及热处理要求查表确定。

二、直角弯曲模的装配图设计

根据详细设计阶段确定的零部件结构参数绘制模具装配图，在绘制过程中要注意检查各个零件的配合尺寸是否正确，发现问题后应重新修改零件图。模具装配图见图 3-28。

【知识链接】

弯曲模具没有固定的结构形式，结构设计也没有冲裁模具那样的典型组合可供参考。一般来讲，设计简单的单工序弯曲模，要比设计复杂的复合工序弯曲模可靠，调整也方便，但生产效率低，尺寸精度不易保证，还会增加不安全因素。因此，设计弯曲模应根据弯曲件的形状、材料性能、尺寸精度及生产批量要求，选择合理工序方案，来确定弯曲模的结构形式。

一、V 形件弯曲模结构

1. V 形件弯曲模基本结构形式

V 形件弯曲模的基本结构形式如图 3-29 所示。图 3-29（a）所示为简单的 V 形件弯曲模，其特点是结构简单，通用性好，但弯曲时坯料容易偏移，影响制件精度。图 3-29（b）～（d）

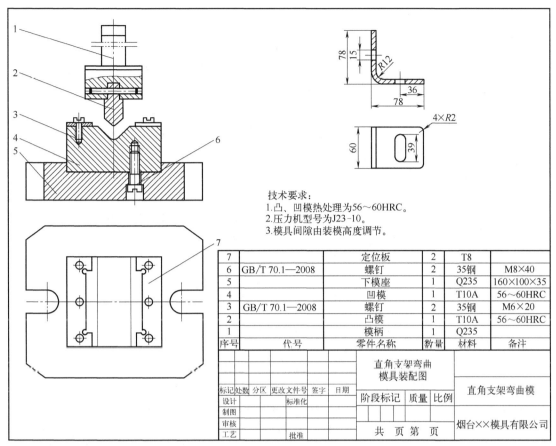

技术要求：
1.凸、凹模热处理为56～60HRC。
2.压力机型号为J23-10。
3.模具间隙由装模高度调节。

7		定位板	2	T8	
6	GB/T 70.1—2008	螺钉	2	35钢	M8×40
5		下模座	1	Q235	160×100×35
4		凹模	1	T10A	56～60HRC
3	GB/T 70.1—2008	螺钉	2	35钢	M6×20
2		凸模	1	T10A	56～60HRC
1		模柄	1	Q235	
序号	代号	零件名称	数量	材料	备注

					直角支架弯曲 模具装配图				
标记	处数	分区	更改文件号	签字	日期				直角支架弯曲模
设计			标准化			阶段标记	质量	比例	
制图									
审核									烟台××模具有限公司
工艺			批准			共　页　第　页			

图 3-28　直角支架弯曲模

所示分别为带有定位尖、顶杆、V形顶板的模具结构，可以防止坯料滑动，提高制件精度。图 3-29（e）所示的非对称 V 形件弯曲模，其基本结构属于 U 形件弯曲模类型，适于 90°弯曲，利用弯曲件直壁上的孔对坯料进行定位（顶板上安装了定位销），可以有效防止弯曲时坯料的偏移，保证制件的直壁尺寸精度。因为该模具凸模、凹模单边受力，因此结构中设计有侧压块，对凸模起受力平衡作用，同时也为顶板导向，防止其发生蹿动。

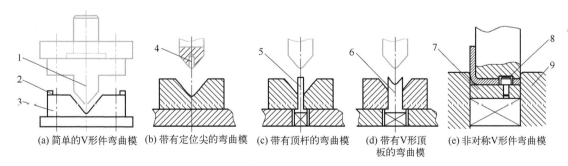

图 3-29　V 形件弯曲模的基本结构形式

1—凸模；2—定位板；3—凹模；4—定位尖；5—顶杆；6—V 形顶板；7—顶板；8—定位销；9—侧压板

2. V 形件弯曲模结构设计

V 形件弯曲时常常采用整体式上模形式。该类模具结构简单，制造方便，适用于成形

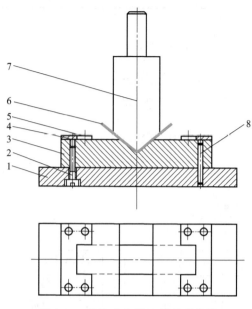

图 3-30　整体式上模 V 形件弯曲模

1—底座；2,8—螺钉；3—凹模；4—定位板；
5—制件；6——一体式凸模；7—销

宽度较小、料厚较大、精度要求不高的弯曲件。若弯曲件尺寸较小、生产批量不大，该模具结构可进一步简化，可选择较经济的材料将下模中的底座和凹模做成整体结构。图 3-30 所示是将长方形平板坯料制成 90°V 形件的典型整体式上模弯曲模结构。

模具结构中，底座、凹模和定位板由螺钉和销连接组成下模。上模是一体式凸模，其上部圆柱部分为模柄，下部为工作凸模。

工作时，将坯料放入凹模上表面的定位板中定位；上模下降并将坯料压入凹模，直至凸模、坯料、凹模三者完全压合，制件成形。为保证制件形状准确，继续对凸模加力，对坯料进行校正弯曲，以减少回弹。上模回程，制件留于凹模中，操作者用工具将制件取出。

二、U 形件弯曲模结构

1. U 形件弯曲模基本结构形式

常用的 U 形件弯曲模结构如图 3-31 所示。图 3-31（a）为无底凹模形式，用于底部无平面度要求的弯曲件。图 3-31（b）为活动顶块式有底凹模形式，用于底部要求平整的弯曲件。图 3-31（c）结构用于料厚公差较大且外侧尺寸要求较高的弯曲件，其凸模为活动结构，可随料厚自动调整凸模横向尺寸。图 3-31（d）结构用于料厚公差较大且内侧尺寸要求较高的弯曲件，凹模两侧为活动结构，可随料厚自动调整凹模横向尺寸。图 3-31（e）为 U 形翻板式弯曲模，

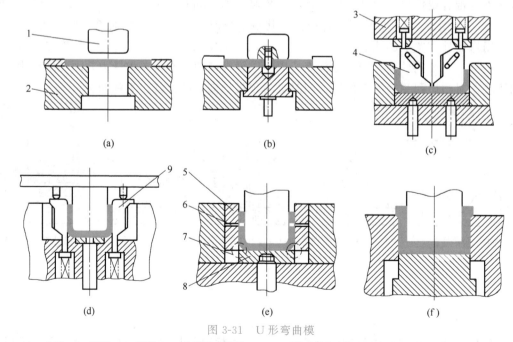

图 3-31　U 形弯曲模

1—凸模；2—凹模；3—弹簧；4—凸模活动镶块；5,9—凹模活动镶块；6—定位销；7—转轴；8—顶板

主要用于弯曲件两侧壁有孔，且孔位精度要求较高的弯曲件成形。模具结构中两侧的凹模活动镶块通过转轴分别与顶板铰接，弯曲前，顶杆将顶板顶出凹模面，同时顶板与凹模活动镶块展成一个平面，工序件通过镶块上的定位销定位。弯曲时，工序件与凹模活动镶块一起运动，这样就保证了两侧孔的同轴度。图 3-31（f）所示为弯曲件两侧壁厚变薄的弯曲模。

2. U 形件弯曲模结构设计

U 形件弯曲可以一次弯曲成形，也可以二次弯曲成形。一次成形弯曲模，模具结构简单，但弯曲质量较差。典型 U 形件一次弯曲成形如图 3-32 所示。当弯曲件材料较厚、直壁较高、圆角半径较小时，可采用图 3-33 所示的两次弯曲复合的"几"形弯曲模。凸模下行时，先使坯料通过凹模压弯成 U 形，凸凹模继续下行时，与活动凸模作用，最后压弯成"几"形。这种结构需要凹模下腔空间较大，以方便制件侧边的转动。

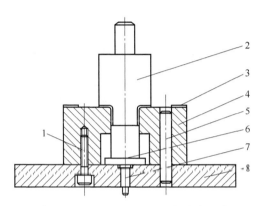

图 3-32 "几"形零件一次弯曲成形模

1—螺钉；2—凸模；3—定位板；4—凹模；5—销钉；
6—顶件块；7—顶杆；8—底座

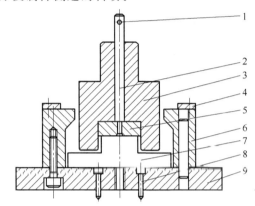

图 3-33 "几"形零件二次复合弯曲成形模

1—横挡销；2—打杆；3—凸凹模；4—定位板；
5—推件板；6—凹模块；7—活动凸模；
8—顶杆；9—底座

三、圆形件弯曲模结构

圆形件的尺寸大小不同，其弯曲方法也不同，一般按直径分为小圆和大圆两种。

1. 小圆形件弯曲模

弯直径 $d \leqslant 5mm$ 小圆的方法是先弯成 U 形，再将 U 形弯成圆形。用两套简单模弯圆的方法，如图 3-34 所示。由于工件小，分两次弯曲操作不便，故可将两道工序合并。图 3-35 为有侧楔的一次弯曲模，上模下行，芯棒将坯料弯成 U 形，上模继续下行，侧楔推动活动凹模将 U 形弯成圆形。图 3-36 所示的也是一次弯曲模。上模下行时，压板将滑块往下压，滑块带动芯棒将坯料弯成 U 形。上模继续下行，凸模再将 U 形弯成圆形。如果工件精度要求高，可以旋转工件连冲几次，以获得较好的圆度。工件由垂直图面方向从芯棒上取下。

2. 大圆形件弯曲模

弯曲直径 $d \geqslant 20mm$ 的大圆形件，可采用带摆动凹模的一次弯曲成形模，如图 3-37 所示。凸模下行先将坯料压成 U 形，凸模继续下行，摆动凹模将 U 形弯成圆形，工件顺凸模轴线方向推开支撑取下。这种模具生产率较高，但由于回弹在工件接缝处留有缝隙和少量直边，工件精度差、模具结构也较复杂。图 3-38 是坯料绕芯棒卷制圆形件的方法。侧压块的作用是为凸模导向，并平衡上、下模圆度，但需要行程较大的压力机。

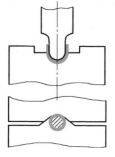

图 3-34　典型小圆形
简单弯曲模

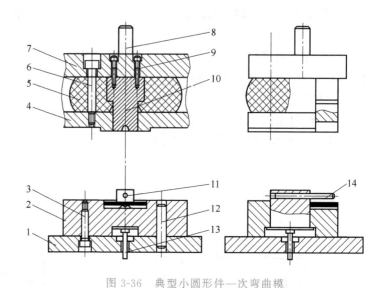

图 3-36　典型小圆形件一次弯曲模

1—底座；2—凹模；3,9—螺钉；4—压板；5—橡胶；6—卸料螺钉；
7—上模座；8—模柄；10—凸模；11—滑块；12—销；13—顶杆；14—芯棒

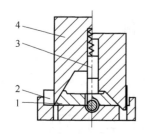

图 3-35　带侧楔的一次弯曲模

1—活动芯棒；2—活动凹模；
3—活动支撑；4—侧楔

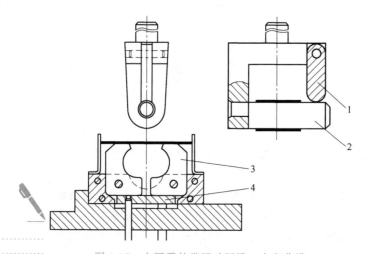

图 3-37　大圆零件带摆动凹模一次弯曲模

1—支撑；2—凸模；3—摆动凹模；4—顶板

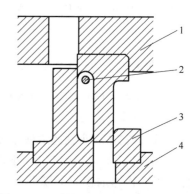

图 3-38　坯料绕芯棒卷制圆形件弯曲模

1—上模座；2—芯棒；3—反侧压块；4—下模座

四、Z形件弯曲模结构

Z形件一次弯曲即可成形，图 3-39（a）结构简单，但由于没有压料装置，压弯时坯料容易滑动，只适用于精度要求不高的零件。图 3-39（b）为有顶板和定位销的 Z 形件弯曲模，能有效防止坯料的偏移。侧压块的作用是克服上、下模之间水平方向的错移力，同时也为顶板导向，防止其窜动。图 3-39（c）所示的 Z 形件弯曲模，在冲压前活动凸模 10 在橡胶 8 的作用下与凸模 4 端面齐平。冲压时活动凸模 10 与顶板 1 将坯料夹紧，并由于橡胶 8 的弹力较大，推动顶板 1 下移使坯料左端弯曲。当顶板 1 接触下模座 11 后，橡胶 8 压缩，则凸模 4 相对于活动凸模 10 下移将坯料右端弯曲成形。当压块 7 与上模座 6 相碰时，整个工件得到校正。

五、铰链件弯曲模结构

铰链弯曲一般先预弯头部，然后卷圆成形。预弯模结构如图 3-40 所示。卷圆通常采用推圆法，其过程如图 3-41 所示。卷圆模分为立式和卧式两种，如图 3-42、图 3-43 所示。图 3-42 为立式卷圆模，结构简单，适用于工件短或材料厚的铰链。图 3-43 为卧式卷圆模，有压料装置，工件质量好。

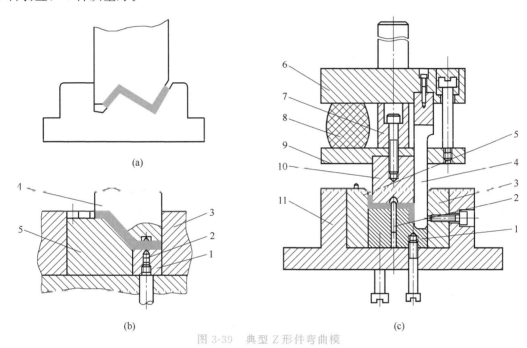

图 3-39　典型 Z 形件弯曲模

1—顶板；2—定位销；3—反侧压块；4—凸模；5—凹模；6—上模座；7—压块；8—橡胶；
9—凸模托板；10—活动凸模；11—下模座

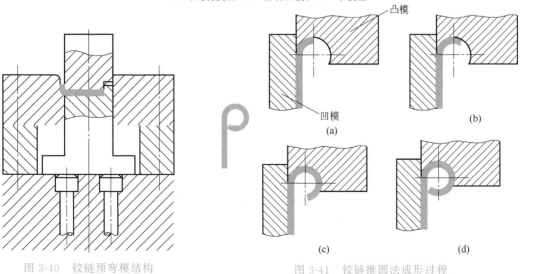

图 3-40　铰链预弯模结构

图 3-41　铰链推圆法成形过程

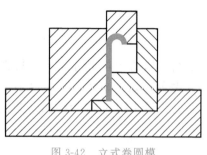

图 3-42　立式卷圆模

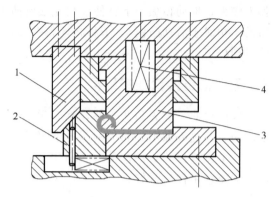

图 3-43　卧式卷圆模

1—斜楔；2—凹模；3—压块；4—弹簧

"直角支架弯曲模结构设计"学习记录表和学习评价表见表 3-20、表 3-21。

表 3-20 "直角支架弯曲模结构设计"学习记录表

表 3-20 学习记录表

直角支架弯曲模结构设计	

直角支架弯曲模结构设计		
序号	项目	结论
1	直角支架弯曲模的主要零部件设计	
2	直角支架弯曲模的装配图设计	
3	弯曲模结构设计	

结论:

表 3-21 学习评价表

表 3-21 "直角支架弯曲模结构设计" 学习评价表

班级		姓名		学号		日期	
任务名称		直角支架弯曲模结构设计					

		评价内容		掌握情况	
自我评价	1	直角支架弯曲模的主要零部件设计		□是	□否
	2	直角支架弯曲模的装配图设计		□是	□否
	3	弯曲模结构设计		□是	□否
	学习效果自评等级：□优　　□良　　□中　　□合格　　□不合格				
	总结与反思：				

		评价内容	完成情况				
小组合作学习评价	1	合作态度	□优	□良	□中	□合格	□不合格
	2	分工明确	□优	□良	□中	□合格	□不合格
	3	交互质量	□优	□良	□中	□合格	□不合格
	4	任务完成	□优	□良	□中	□合格	□不合格
	5	任务展示	□优	□良	□中	□合格	□不合格
	学习效果小组自评等级：□优　　□良　　□中　　□合格　　□不合格						
	小组综合评价：						

教师评价	学习效果教师评价等级：□优　　□良　　□中　　□合格　　□不合格
	教师综合评价：

项目四

筒形接插件外壳拉深模具设计

 学习目标

【知识目标】

1. 了解拉深变形概念及拉深件质量影响因素;
2. 掌握一般复杂程度拉深件工艺性分析的相关知识;
3. 掌握圆筒形件相关拉深工艺计算方法;
4. 掌握拉深模具的典型结构组成及结构零件设计的知识;
5. 掌握一般复杂程度拉深模具的设计方法和步骤。

【能力目标】

1. 能够分析拉深件工艺性,制定加工工艺方案;
2. 具备一般复杂程度拉深件的工艺计算能力;
3. 能够设计简单和中等复杂程度的拉深模具;
4. 能够根据拉深件的缺陷分析其产生原因,并给出解决方案;
5. 能够查阅资料获取信息,自主学习新知识、新技术、新标准,具备可持续发展的能力。

【素质目标】

1. 具有深厚的爱国情感、国家认同感、中华民族自豪感;
2. 崇德向善、诚实守信、爱岗敬业,具有精益求精的工匠精神;
3. 尊重劳动、热爱劳动,具有较强的实践能力;
4. 具有质量意识、环保意识、安全意识、信息素养、创新精神;
5. 具有较强的团队合作精神,能够进行有效的人际沟通和协作。

项目四测试题及参考答案

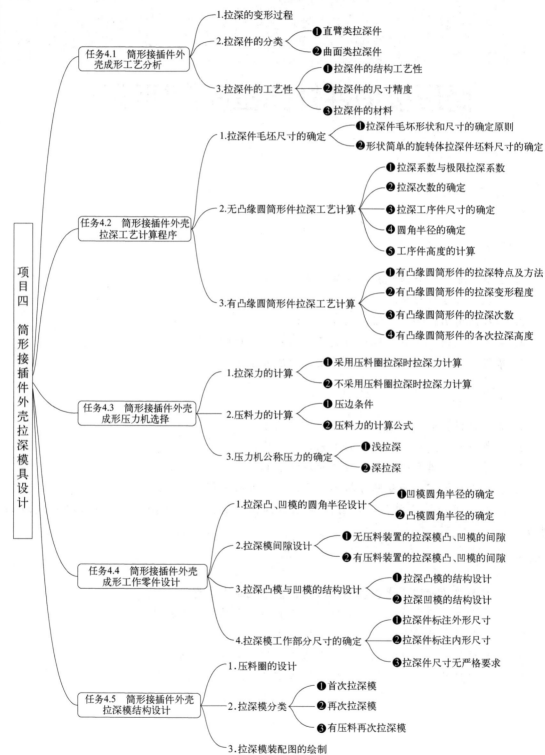

项目四 筒形接插件外壳拉深模具设计

任务4.1 筒形接插件外壳成形工艺分析
- 1.拉深的变形过程
- 2.拉深件的分类
  - ❶直臂类拉深件
  - ❷曲面类拉深件
- 3.拉深件的工艺性
  - ❶拉深件的结构工艺性
  - ❷拉深件的尺寸精度
  - ❸拉深件的材料

任务4.2 筒形接插件外壳拉深工艺计算程序
- 1.拉深件毛坯尺寸的确定
  - ❶拉深件毛坯形状和尺寸的确定原则
  - ❷形状简单的旋转体拉深件坯料尺寸的确定
- 2.无凸缘圆筒形件拉深工艺计算
  - ❶拉深系数与极限拉深系数
  - ❷拉深次数的确定
  - ❸拉深工序件尺寸的确定
  - ❹圆角半径的确定
  - ❺工序件高度的计算
- 3.有凸缘圆筒形件拉深工艺计算
  - ❶有凸缘圆筒形件的拉深特点及方法
  - ❷有凸缘圆筒形件的拉深变形程度
  - ❸有凸缘圆筒形件的拉深次数
  - ❹有凸缘圆筒形件的各次拉深高度

任务4.3 筒形接插件外壳成形压力机选择
- 1.拉深力的计算
  - ❶采用压料圈拉深时拉深力计算
  - ❷不采用压料圈拉深时拉深力计算
- 2.压料力的计算
  - ❶压边条件
  - ❷压料力的计算公式
- 3.压力机公称压力的确定
  - ❶浅拉深
  - ❷深拉深

任务4.4 筒形接插件外壳成形工作零件设计
- 1.拉深凸、凹模的圆角半径设计
  - ❶凹模圆角半径的确定
  - ❷凸模圆角半径的确定
- 2.拉深模间隙设计
  - ❶无压料装置的拉深模凸、凹模的间隙
  - ❷有压料装置的拉深模凸、凹模的间隙
- 3.拉深凸模与凹模的结构设计
  - ❶拉深凸模的结构设计
  - ❷拉深凹模的结构设计
- 4.拉深模工作部分尺寸的确定
  - ❶拉深件标注外形尺寸
  - ❷拉深件标注内形尺寸
  - ❸拉深件尺寸无严格要求

任务4.5 筒形接插件外壳拉深模结构设计
- 1.压料圈的设计
- 2.拉深模分类
  - ❶首次拉深模
  - ❷再次拉深模
  - ❸有压料再次拉深模
- 3.拉深模装配图的绘制

导入项目：

　　某模具厂接到 K 公司的订单：为图 4-1 所示的筒形接插件外壳零件设计加工模具。筒形接插件外壳零件材料为 10 钢，其厚度为 2mm，生产批量为大批量；未注公差 IT14。请你按照客户要求，制定冲压工艺方案，完成零件的模具设计，工作过程需符合 6S 规范。

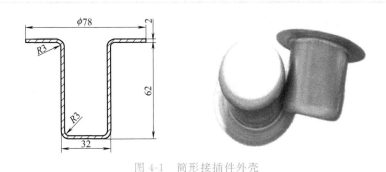

图 4-1　筒形接插件外壳

任务 4.1　筒形接插件外壳成形工艺分析

【任务描述】

　　根据筒形接插件外壳零件的结构特点、材料及厚度等，分析零件的成形工艺性，确定工艺方案。

【基本概念】

　　拉深：指在压力机上利用模具将平板坯料加工成开口空心制件或是将开口空心毛坯件进一步改变形状和尺寸的一种冲压加工工序，又称为拉延。

　　拉深件的工艺性：指拉深件采用拉深成形工艺的难易程度。

【任务实施】

一、结构及尺寸分析

　　筒形接插件外壳零件为有凸缘的圆筒形件，要求料厚 $t = 2mm$，没有厚度变化的要求，零件的形状简单、对称，满足拉深的工艺要求，可用拉深工序加工。

二、尺寸精度分析

　　制件尺寸未注公差，按 IT14 级，工件精度满足拉深工序对制件公差等级的要求。

三、零件材料分析

　　零件材料选用的 10 钢为优质碳素钢，适合拉深工艺。

四、生产批量分析

筒形接插件外壳零件为大批量生产，采用单工序拉深模具生产能满足生产需要。

结论：综上所述，该产品适合采用单工序拉深模具生产。

【知识链接】

一、拉深的变形过程

在直壁旋转体拉深件中，圆筒形是最典型的拉深件。将平板圆形坯料拉深成为圆筒形件的变形过程如图 4-2 所示。将圆形平板坯料放置于凹模上方，压力机带动凸模下行，在下压的拉深力的作用下，将凹模口以外的环形部分坯料逐渐拉入凹模内，筒底部分材料基本不变，凸缘部分的材料逐步转变为筒壁，筒壁部分逐步增高，凸缘部分逐步缩小，直至全部变为筒壁，最终形成一个带底的圆筒形工件。可见坯料在拉深过程中，变形主要是集中在凹模面上的凸缘部分，可以说拉深过程就是凸缘部分逐步缩小转变为筒壁的过程。坯料的凸缘部分是变形区，底部和已形成的侧壁为传力区。

拉深过程中，凸缘变形区的材料在切向压应力的作用下，可能出现的波纹状皱褶称为起皱，为了防止起皱，在实际生产中通常采用在模具上设置压料装置。图 4-2（a）所示为无压边的拉深过程，图 4-2（b）所示为有压边的拉深过程。

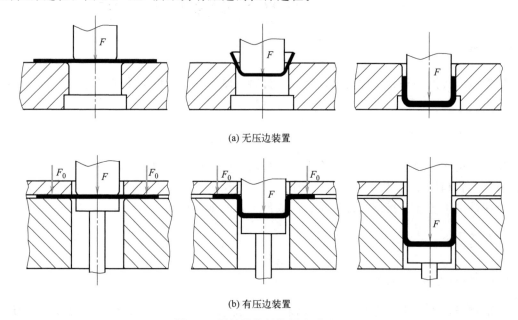

(a) 无压边装置

(b) 有压边装置

图 4-2　圆筒形件的拉深变形过程

拉深凸模和凹模与冲裁模不同的是其工作部分没有锋利的刃口，而是分别有一定的圆角半径，并且其单面间隙稍大于板料厚度。直径为 D、厚度为 t 的圆形毛坯在这样的条件下拉深时，在拉深凸模的压力作用下，被拉进凸模和凹模之间的间隙中形成了具有外径为 d、高度为 h 的开口圆筒形工件。通常以筒形件的直径与坯料直径的比值来表示拉深变形程度的大小，即 $m=d/D$。m 称为拉深系数，m 越小，拉深变形程度越大；m 越大，拉深变形程度就越小。

在拉深过程中，毛坯的中心部分成为筒形件的底部，基本不变形，是不变形区。毛坯的凸缘部分是主要变形区。拉深过程实质上就是将毛坯的凸缘部分材料逐渐转移到筒壁部分的过程。在转移过程中，凸缘部分材料由于拉深力的作用，在径向产生拉应力；又由于凸缘部分材料之间相互的挤压作用，在切向产生压应力。在径向拉应力与切向压应力的共同作用下，凸缘部分材料发生塑性变形，多余材料将沿着径向被挤出，并不断地被拉入凹模洞口内，成为圆筒形的开口空心件。

二、拉深件的分类

在冲压生产中，拉深件的种类很多。各种拉深件按变形力学特点可以分为以下几种基本类型，具体如表 4-1 所示。

表 4-1　拉深件的种类

拉深件的名称	拉深件的简图			拉深变形特点
直臂类拉深件	轴对称零件	圆筒形件		（1）拉深过程中，变形区是坯料的凸缘部分，其余部分是传力区。 （2）坯料变形区在切向压应力和径向拉应力作用下，产生切向压缩和径向伸长的一向受压、一向受拉的变形。 （3）极限变形程度主要受坯料传力区承载能力的限制
		带凸缘圆筒形件		
		阶梯形件		
	非轴对称零件	盒形		除具有前项相同的变形性质外，还有如下特点： （1）因零件各部分高度不同，在拉深开始时有严重的不均匀变形。 （2）拉深过程中，坯料变形区内会发生剪切变形
		带凸缘盒形件		
		其他形状零件		
		曲面凸缘的零件		
曲面类拉深件	轴对称零件	球面类零件		拉深时坯料变形区由两部分组成： （1）坯料外部是一向受拉、一向受压的拉深变形。 （2）坯料的中间部分是受两向拉应力的胀形变形区
		锥形件		
		其他曲面零件		

拉深件的名称		拉深件的简图		拉深变形特点
曲面类拉深件	非轴对称零件	平面凸缘零件		（1）拉深时坯料的变形区也是由外部的拉深变形区和内部的胀形变形区所组成，但这两种变形在坯料中的分布是不均匀的。 （2）曲面凸缘零件拉深时，在坯料外周变形区内还有剪切变形
		曲面凸缘零件		

三、拉深件的工艺性

良好的拉深工艺性表现为毛坯消耗少、工序数目少、模具结构简单、加工容易、产品质量稳定、废品少和操作简单方便等。在设计拉深件时，应根据材料拉深时的变形特点和规律提出工艺要求。

1. 拉深件的结构工艺性

① 拉深件形状应尽量简单、对称，尽可能一次拉深成形。轴对称拉深件在圆周方向上的变形是均匀的，可使模具加工变得相对容易，其工艺性最好。

对于其他非轴对称的拉深件，应尽量避免急剧的轮廓变化。非轴对称的半敞开零件，在设计拉深工艺时，可将两个零件成对拉深，然后再剖切成两件，这样可以极大地改善拉深时的受力状况，如图 4-3 所示。

对于曲面形零件为了防止起皱，可在零件的边缘增加凸缘或直边，以增大拉深时的压料力，防止中间悬空部分起皱，如图 4-4 所示。

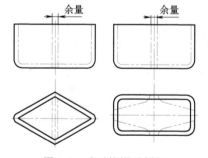
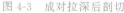

图 4-3 成对拉深后剖切

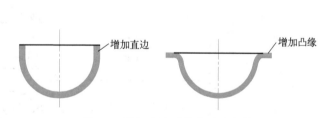

图 4-4 增加直边或凸缘防止起皱

② 需多次拉深的零件，在保证必要的表面质量前提下，应允许内、外表面存在拉深过程中可能产生的痕迹。

③ 在保证装配要求的前提下，应允许拉深件侧壁有一定的斜度。

④ 拉深件的底与壁、凸缘与壁、矩形件四角的圆角半径如图 4-5 所示，应满足：$r_d \geq t$，最好取 $r_d = (3 \sim 5)t$。$R \geq 2t$，最好取 $R = (5 \sim 10)t$。$r \geq 3t$，为了减小拉深工序尽可能取 $r \geq H/5$。否则，应增加整形工序。

⑤ 拉深件上的孔位应设计成与主要结构面（凸缘）在同一平面上，或使孔壁垂直于该平面，以便冲孔和修边在同一工序中完成。拉深件凸缘上有孔时，孔边到侧壁的距离应满足 $a \geq R + 0.5t$（或 $r + 0.5t$），如图 4-6 所示。

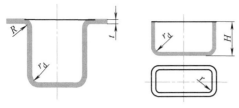

图 4-5　拉深件的圆角半径

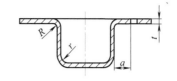

图 4-6　拉深件上孔的位置

⑥ 拉深件的尺寸标注，应注明是保证外形尺寸还是内形尺寸，如图 4-7 所示，不能同时标注内外形尺寸，图 4-7（a）为保证内形尺寸，图 4-7（b）为保证外形尺寸。带台阶的拉深件，为保证高度尺寸，其高度方向的尺寸标注一般应如图 4-8（a）所示以底面为基准，不采用图 4-8（b）所示的以口部为基准。

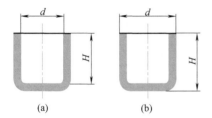

图 4-7　拉深件的内外形尺寸标注

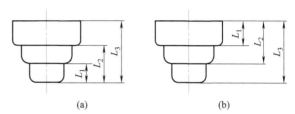

图 4-8　拉深件的高度尺寸标注

2. 拉深件的尺寸精度

拉深件的尺寸精度主要指其横断面的尺寸精度，一般在 IT13 级以下，不宜高于 IT11 级，高于 IT11 级的应增加整形工序或用机械加工方法提高精度。

拉深件壁厚公差一般不应超出拉深工艺壁厚变化规律。据统计，不变薄拉深，壁的最大增厚量为 $(0.2 \sim 0.3)t$；最大变薄量为 $(0.10 \sim 0.18)t$（t 为板料厚度）。

3. 拉深件的材料

用于拉深件的材料，要求具有较好的塑性，屈强比 σ_s/σ_b 小、板厚方向性系数 r 大，板平面方向性系数 Δr 小。

材料的屈强比 σ_s/σ_b 越小，则一次拉深允许的极限变形程度越大，拉深性能越好。例如，低碳钢的屈强比 $\sigma_s/\sigma_b \approx 0.57$，其一次拉深允许的最小拉深系数为 $m = 0.48 \sim 0.50$。65Mn 的屈强比 $\sigma_s/\sigma_b \approx 0.63$，其一次拉深允许的最小拉深系数为 $m = 0.68 \sim 0.70$。用于拉深的钢板，其屈强比不宜大于 0.66。

板厚方向性系数 r 和板平面方向性系数 Δr 反映了材料的各向异性性能。当 r 较大或 Δr 较小时，材料宽度的变形比厚度方向的变形容易，板平面方向性能差异较小，拉深过程中材料不易变薄或拉裂，因而有利于拉深成形。

"筒形接插件外壳成形工艺分析"学习记录表和学习评价表见表 4-2、表 4-3。

表 4-2 学
习记录表

表 4-2 "筒形接插件外壳成形工艺分析"学习记录表

筒形接插件外壳 零件图				
筒形接插件外壳成形工艺分析				
序 号	项 目		参数	拉深工艺性
1	拉深件的 结构工艺性	拉深件的整体形状		
2		拉深件的圆角半径		
3		拉深次数		
4		拉深件的孔位		
5		拉深件的尺寸标注		
6	拉深件的尺寸精度			
7	拉深件的材料			

结论:

表 4-3 "筒形接插件外壳成形工艺分析"学习评价表

班级		姓名		学号		日期	
任务名称			筒形接插件外壳成形工艺分析				

表 4-3 学习评价表

自我评价	评价内容			掌握情况	
	1	拉深件的成形过程		□是	□否
	2	拉深件的分类		□是	□否
	3	拉深件的整体形状分析		□是	□否
	4	拉深件的圆角半径分析		□是	□否
	5	拉深次数初步分析		□是	□否
	6	拉深件的孔位分析		□是	□否
	7	拉深件的尺寸标注分析		□是	□否
	8	拉深件的尺寸精度分析		□是	□否
	9	拉深件的材料分析		□是	□否
	学习效果自评等级：□优　　　　□良　　　　□中　　　　□合格　　　　□不合格				
	总结与反思：				

小组合作学习评价	评价内容		完成情况			
	1	合作态度	□优	□良	□中	□合格	□不合格
	2	分工明确	□优	□良	□中	□合格	□不合格
	3	交互质量	□优	□良	□中	□合格	□不合格
	4	任务完成	□优	□良	□中	□合格	□不合格
	5	任务展示	□优	□良	□中	□合格	□不合格
	学习效果小组自评等级：□优　　　□良　　　□中　　　□合格　　　□不合格					
	小组综合评价：					

教师评价	学习效果教师评价等级：□优　　　□良　　　□中　　　□合格　　　□不合格
	教师综合评价：

任务 4.2 筒形接插件外壳拉深工艺计算程序

【任务描述】

基于筒形接插件外壳零件的结构工艺性分析，完成零件的毛坯尺寸计算、拉深次数和工序件尺寸的确定。

【基本概念】

拉深系数：指每次拉深后工件的直径与该次拉深前坯料（或工序件）直径的比值，它是衡量拉深变形程度的一个重要工艺参数，常用 m 表示。

极限拉深系数：拉深时既能使材料的塑形得到充分发挥，又使拉深件不破裂时的最小拉深系数。

拉深工艺计算程序：包括确定修边余量，计算毛坯尺寸，确定拉深次数，计算各次拉深直径，选取凸、凹模半径，画出工序简图。

【任务实施】

一、修边余量 △R 的确定

筒形接插件外壳材料厚度 $t=2.0$mm，凸缘直径 $d_t=78$mm，凸缘的相对直径 $d_t/d=78/30=2.6$，查表得修边余量 $\Delta R=2.2$mm。故实际凸缘直径 $d_t=(78+2\times2.2)=82.4$（mm）。故按料厚中心层尺寸计算，将筒形接插件外壳零件图尺寸转换为中心层尺寸如图 4-9 所示。

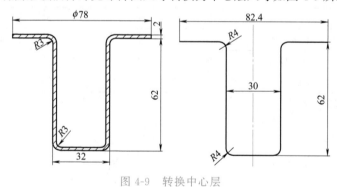

图 4-9 转换中心层

二、初算毛坯直径 D

由带凸缘圆筒形件的坯料直径计算公式，按照图 4-9 转换的中心层尺寸可知，$d_1=22$mm，$R=r=4$mm，$d_2=30$mm，$h=54$mm，$d_3=38$mm，$d_4=82.4$mm。

$$
\begin{aligned}
D &= \sqrt{d_1^2+4d_2h+2\pi r(d_1+d_2)+4\pi r^2+d_4^2-d_3^2} \\
&= \sqrt{22^2+4\times30\times54+2\pi\times4\times(22+30)+4\pi\times4^2+82.4^2-38^2} \\
&= \sqrt{8471.2+5345.76} \\
&\approx 118 \text{（mm）}
\end{aligned}
$$

筒形接插件外壳零件凸缘区的面积为：$5345.76 \times \pi/4 \, \text{mm}^2$；

非凸缘区的面积为：$8471.2 \times \pi/4 \, \text{mm}^2$。

三、判断拉深成形次数

坯料相对厚度：$t/D \times 100\% = 2/118 \times 100\% = 1.7\%$；

凸缘相对直径：$d_t/d = 82.4/30 = 2.75$；

零件相对高度：$H/d = 62/30 = 2.07$；

总拉深系数：$m_{总} = d/D = 30/118 = 0.25$。

查表得 $m_1 = 0.34$，$h_1/d_1 = 0.25$，总拉深系数 $m_{总} <$ 首次拉深的极限拉深系数 m_1，说明该零件不能一次拉深成形，需要多次拉深。

四、预定首次拉深直径 d_1

1. 选取 m_1、d_1

采用逼近法，先假定一个 d_t/d_1 值，将有关计算数据进行比较，直至拉深系数等于或稍大于首次拉深极限拉深系数。

假定首次拉深相对凸缘直径 $d_t/d_1 = 1.1$，查表得首次拉深的极限拉深系数 $m_1 = 0.51$，初步选定首次拉深直径 d_1 为：

$$d_1 = m_1 \times D = 0.51 \times 118 = 60.18 \, (\text{mm}), \quad d_1 \text{ 取整为 } 61\text{mm}。$$

2. 确定圆角半径

第一次拉深的凸缘件为半成品，还需后续拉深，因此，确定的圆角半径可稍微取大些。为方便计算，工件底部圆角半径 $R_{凸}$ 与凸缘根部圆角半径 $R_{凹}$ 取为相等。

$$R_{凸1} = R_{凹1} = 0.8\sqrt{(D-d_1)t} = 0.8 \times \sqrt{(118-61) \times 2} = 8.5 \, (\text{mm})$$

取为 $R_{凸1} = R_{凹1} = 9\text{mm}$。

3. 重新计算毛坯尺寸

为了在后次拉深时凸缘不再变形，取首次拉入凹模的材料面积比最后一次拉入凹模的材料面积多 5%，在后续拉深过程中，又将这部分面积返还凸缘，以保证后续拉深时凸缘不介入变形，故首次拉深时拉入凹模的材料实际面积为：

$$A = \pi/4\{8471.2 + [(61+2\times10)^2 - 38^2]\} \times 105\% = \pi/4 \times 14267.61 \, (\text{mm}^2)$$

考虑多拉入凹模 5% 的材料，重新修正的毛坯直径为：

$$D = \sqrt{14267.61 + (82.4^2 - 76^2)} = 123.6 \, (\text{mm})$$

4. 计算首次拉深高度 h_1

根据公式计算首次拉深高度：

$$h_1 = 0.25\frac{D^2 - d_1^2}{d} + 0.86R_{凹1} = \left(0.25 \times \frac{123.6^2 - 82.4^2}{61} + 0.86 \times 10\right) = 43.4 \, (\text{mm})$$

5. 验证 m_1 选择是否合理

根据 $d_t/d_1 = 82.4/61 = 1.35$ 和 $t/D = 2/123.6 = 1.62\%$，查表，许可的最大相对高度 $h_1/d_1 = 0.75 \sim 0.9$，实际的工序件 $h_1/d_1 = 43.4/61 = 0.71$。显然，$0.75 > 0.71$。因此，所确定的首次拉深工序尺寸合理。

五、计算以后各次拉深的工件尺寸

1. 确定以后各次还需要拉深的次数

拉深次数的确定按一般筒形件的极限拉深系数推算。查表得后次拉深的极限拉深系数为 $m_2 = 0.73$，$m_3 = 0.75$，$m_4 = 0.78$，则

$$d_2 = m_2 d_1 = 0.73 \times 61 = 44.5 \text{（mm）}$$

$$d_3 = m_3 d_2 = 0.75 \times 44.5 = 33.4 \text{（mm）}$$

$$d_4 = m_4 d_3 = 0.78 \times 33.4 = 26.1 \text{（mm）}$$

因 $d_4 = 26.1\text{mm} < 32\text{mm}$（零件筒形部分直径），故共需 4 次拉深。

2. 计算后次拉深直径

取调整后的后次实际拉深系数为 $m_2 = 0.84$，$m_3 = 0.78$，$m_4 = 0.8$，故以后各次拉深工序件的直径为

$$d_2 = m_2 d_1 = 0.84 \times 61 = 51.24 \text{（mm）}$$

$$d_3 = m_3 d_2 = 0.78 \times 51.24 = 40 \text{（mm）}$$

$$d_4 = m_4 d_3 = 0.8 \times 40 = 32 \text{（mm）}$$

3. 确定后次拉深的凸、凹模圆角半径

以后各次拉深件的圆角半径取

$$r_2 = R_2 = 7\text{mm}, \quad r_3 = R_3 = 5\text{mm}, \quad r_4 = R_4 = 3\text{mm}$$

4. 计算后次拉深时的拉深件高度

设第二次拉深多拉入凹模的材料面积为 3.5%，其余的 1.5% 返回到凸缘；第三次拉深多拉入的材料为 2%，其余的 1.5% 返回到凸缘；第四次拉深多拉入的材料为 1%，其余的 1% 返回到凸缘。第二、第三拉深的假想坯料直径分别为：

$$D_2 = \sqrt{\frac{14267.61}{105\%} \times 103.5\% + (82.4^2 - 76^2)} = 122.8 \text{（mm）}$$

$$D_3 = \sqrt{\frac{14267.61}{105\%} \times 102\% + (82.4^2 - 76^2)} = 122 \text{（mm）}$$

由此可计算出各次拉深件的工序高度为

$$h_2 = 0.25 \times \frac{122.8^2 - 82.4^2}{51.24} + 0.86 \times 7 = 46.47 \text{（mm）}$$

$$h_3 = 0.25 \times \frac{122^2 - 82.4^2}{40} + 0.86 \times 5 = 54.89 \text{（mm）}$$

最后一道拉深到零件的高度，并将多拉入的 1% 的材料返回到凸缘，拉深工序至此结束。

六、绘制工序图

将上述按中心层计算的结果转化为零件图相应的标注形式后得到工序件如图 4-10 所示。

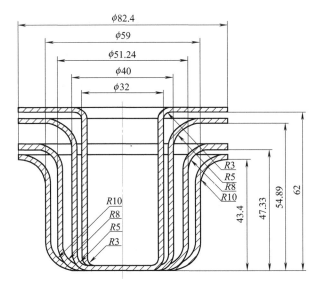

图 4-10　简形接插件外壳的各次拉深工序尺寸

【知识链接】

一、拉深件毛坯尺寸的确定

1. 拉深件毛坯形状和尺寸的确定原则

在拉深过程中，由于材料只以一定的规律发生塑性变形而不存在材料的得失，所以坯料的计算应满足以下原则。

（1）形状相似性原则

拉深件的毛坯形状一般与拉深件周边的形状相似，对于旋转体来说，毛坯的形状应为圆形板料，在计算毛坯尺寸时，只需求出它的直径；对于方形或矩形拉深件，其毛坯的形状近似为方形或矩形。另外，毛坯的周边应光滑过渡而无急剧的转折，以使拉深后得到等高侧壁或等宽凸缘。

（2）质量与表面积相等原则

拉深只是发生塑性变形，拉深前后毛坯的质量不变。虽然在拉深过程中材料的厚度发生了一些变化，但对于不变薄拉深而言，可近似地认为材料的厚度不发生变化，而按拉深前后毛坯与拉深件面积或质量相等的原则来计算毛坯的展开尺寸。

（3）毛坯尺寸应包含修边余量

在实际生产中，由于金属板料具有板平面方向性及在拉深过程中各种因素的影响，会造成拉深件口部或凸缘周边不整齐，需要修边。因此在多数情况下需采取加大工序件高度或凸缘宽度的办法，拉深后再经过切边工序来保证零件质量。切边余量可参考表 4-4 和表 4-5。

当零件的相对高度 H/d 较小，并且高度尺寸要求不高时，可以不用切边工序，当然也不需再加修边余量。

2. 形状简单的旋转体拉深件坯料尺寸的确定

旋转体拉深件坯料的形状是圆形，所以坯料尺寸的计算主要是确定坯料直径。对于简单旋转体拉深件，可首先将拉深件划分为若干个简单而又便于计算的几何体，并分别求出各简

表 4-4　无凸缘圆筒形拉深件的修边余量 △h　　　　　　　　单位：mm

工件高度 h	工件相对高度 h/d				附图
	>0.5~0.8	>0.8~1.6	>1.6~2.5	>2.5~4	
≤10	1.0	1.2	1.5	2.0	
>10~20	1.2	1.5	2.0	2.5	
>20~50	2.0	2.5	3.3	4.0	
>50~100	3.0	3.8	5.0	6.0	
>100~150	4.0	5.0	6.5	8.0	
>150~200	5.0	6.3	8.0	10	
>200~250	6.0	7.5	9.0	11	
>250	7.0	8.5	10	12	

表 4-5　带凸缘圆筒形拉深件的修边余量 △R　　　　　　　　单位：mm

凸缘直径 d_t	凸缘的相对直径 d_t/d				附图
	1.5 以下	>1.5~2.0	>2.0~2.5	>2.5~3.0	
≤25	1.6	1.4	1.2	1.0	
>25~50	2.5	2.0	1.8	1.6	
>50~100	3.5	3.0	2.5	2.2	
>100~150	4.3	3.6	3.0	2.5	
>150~200	5.0	4.2	3.5	2.7	
>200~250	5.5	4.6	3.8	2.8	
>250	6.0	5.0	4.0	3.0	

单几何体的表面积，再把各简单几何体的表面积相加即为拉深件的总表面积，然后根据表面积相等原则，即可求出坯料直径。

在计算时，零件尺寸均按厚度中心计算。但当板料厚度小于 1mm 时，也可以按外形或内形尺寸计算。常用旋转体拉深件坯料直径计算公式见表 4-6。

表 4-6　常用旋转体拉深件坯料直径的计算公式　　　　　　　　单位：mm

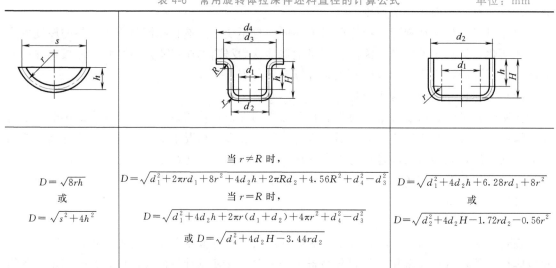

$$D = \sqrt{8rh}$$
或
$$D = \sqrt{s^2 + 4h^2}$$

当 $r \neq R$ 时，
$$D = \sqrt{d_1^2 + 2\pi r d_1 + 8r^2 + 4d_2 h + 2\pi R d_2 + 4.56R^2 + d_4^2 - d_3^2}$$
当 $r = R$ 时，
$$D = \sqrt{d_1^2 + 4d_2 h + 2\pi r(d_1 + d_2) + 4\pi r^2 + d_4^2 - d_3^2}$$
或 $D = \sqrt{d_4^2 + 4d_2 H - 3.44 r d_2}$

$$D = \sqrt{d_1^2 + 4d_2 h + 6.28 r d_1 + 8r^2}$$
或
$$D = \sqrt{d_2^2 + 4d_2 H - 1.72 r d_2 - 0.56 r^2}$$

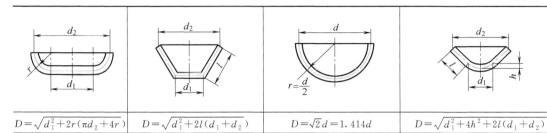

$D=\sqrt{d_1^2+2r(\pi d_2+4r)}$	$D=\sqrt{d_1^2+2l(d_1+d_2)}$	$D=\sqrt{2}\,d=1.414d$	$D=\sqrt{d_1^2+4h^2+2l(d_1+d_2)}$

注：1. 尺寸按工件材料厚度中心层尺寸计算。

2. 对于厚度小于1mm的拉深件，可不按工件材料厚度中心层尺寸计算，根据工件标注的外形或内形尺寸计算。

3. 对于部分未考虑工件圆角半径的计算公式，在计算有圆角半径的工件时计算结果要偏大，故在此情形下，可不考虑或少考虑修边余量。

二、无凸缘圆筒形件拉深工艺计算

1. 拉深系数与极限拉深系数

（1）拉深系数

图4-11所示是用直径为 D 的毛坯拉深成直径为 d_n、高度为 h_n 的圆筒形件的工艺过程，第一次拉深成 d_1 和 h_1，第二次拉深成 d_2 和 h_2，……，最后一次得到工件的尺寸 d_n 和 h_n。各次的拉深系数分别为：

第一次拉深系数 $\qquad\qquad m_1=d_1/D$ $\qquad\qquad$ (4-1)

第二次拉深系数 $\qquad\qquad m_2=d_2/d_1$ $\qquad\qquad$ (4-2)

第 n 次拉深系数 $\qquad\qquad m_n=d_n/d_{n-1}$ $\qquad\qquad$ (4-3)

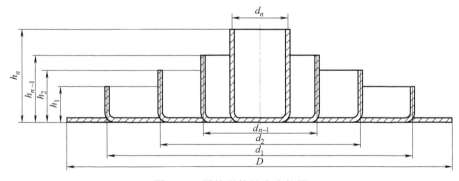

图 4-11　圆筒形件的多次拉深

总拉深系数 $m_总$ 表示从坯料直径 D 拉深至直径 d_n 的总变形程度，即

$$m_总=\frac{d_n}{D}=\frac{d_1}{D}\frac{d_2}{d}\frac{d_3}{d}\cdots\frac{d_n}{d}=m_1m_2m_3\cdots m_n \qquad (4-4)$$

所以总拉深系数为各次拉深系数的乘积。从拉深系数的表达式可以看出，拉深系数表示拉深前后坯料直径的变化率，其数值恒小于1。拉深系数大，表示拉深前后坯料直径变化不大，即变形程度小；拉深系数小，则拉深前后坯料的直径变化大，即变形程度大。

（2）极限拉深系数

在实际生产中，应合理地利用拉深系数。在拉深工序中，若采用的拉深系数过大，则拉深变形程度小，材料的塑性潜力未能充分利用，拉深次数就要增加，导致成本增加。若拉深系数过小，变形程度过大，则造成工件局部严重变薄甚至筒壁被拉破，产生废品。生产中为了减少拉深次数，一般希望采用小的拉深系数。但为了保证拉深工艺的顺利进行，又必须使拉深系数大于一定的数值，这个数值就是在一定条件下的极限拉深系数，用符号"$[m]$"表示。

（3）影响拉深系数的因素

凡是能够使筒壁传力区的最大拉应力减小，危险断面强度增大的因素都有利于减小拉深系数，影响拉深系数的因素主要包括：材料的组织与力学性能、板料的相对厚度、润滑、压料圈的压料力、模具的几何参数等。

此外，影响拉深系数的因素还有拉深方法、拉深次数、拉深速度、拉深件的形状等。采用反拉深、软模拉深等可以降低拉深系数。首次拉深的拉深系数比后次拉深的拉深系数小。拉深速度慢，有利于拉深工作的正常进行，盒形件角部拉深系数比相应的圆筒形件的拉深系数小。

（4）拉深系数的确定

由于影响拉深系数的因素很多，因此目前仍难采用理论计算方法准确确定拉深系数。在实际生产中，极限拉深系数值一般是在一定的拉深条件下用实验方法得出的。表 4-7 和表 4-8 是直壁圆筒形拉深件在不同条件下各次拉深的极限拉深系数。

表 4-7　无凸缘圆筒形拉深件带压料圈时的极限拉深系数

拉深系数	坯料相对厚度$(t/D)\times100$					
	2.0~1.5	1.5~1.0	1.0~0.6	0.6~0.30	0.3~0.15	0.15~0.08
m_1	0.48~0.50	0.50~0.53	0.53~0.55	0.55~0.58	0.58~0.60	0.60~0.63
m_2	0.73~0.75	0.75~0.76	0.76~0.78	0.78~0.79	0.79~0.80	0.80~0.82
m_3	0.76~0.78	0.78~0.79	0.79~0.80	0.80~0.81	0.81~0.82	0.82~0.84
m_4	0.78~0.80	0.80~0.81	0.81~0.82	0.82~0.83	0.83~0.85	0.85~0.86
m_5	0.80~0.82	0.82~0.84	0.84~0.85	0.85~0.86	0.86~0.87	0.87~0.88

注：1. 拉深数据适用于 08 钢、10 钢和 15Mn 钢等普通拉深碳钢及黄铜 H62。对拉深性能较差的材料，如 20 钢、25 钢、Q215 钢、Q235 钢、硬铝等应比表中数值大 1.5%~2.0%；而对塑性较好的材料，如 05 钢、08 钢、10 钢及软铝等应比表中数值小 1.5%~2.0%。

2. 数据适用于未经中间退火的拉深。若采用中间退火工序时，则取值应比表中数值小 2%~3%。

3. 较小值适用大的凹模圆角半径 $[r_A=(8\sim15)t]$，较大值适用小的凹模圆角半径 $[r_A=(4\sim8)t]$。

表 4-8　无凸缘圆筒形拉深件不带压料圈时的极限拉深系数

拉深系数	坯料相对厚度$(t/D)\times100$				
	1.5	2.0	2.5	3.0	>3
m_1	0.65	0.60	0.55	0.53	0.50
m_2	0.80	0.75	0.75	0.75	0.70
m_3	0.84	0.80	0.80	0.80	0.75
m_4	0.87	0.84	0.81	0.84	0.78
m_5	0.90	0.87	0.87	0.87	0.82
m_6	—	0.90	0.90	0.90	0.85

注：此表适用于 08 钢、10 钢及 15Mn 钢等材料。其余各项同表 4-7 注。

在实际生产中，并不是在所有情况下都采用极限拉深系数。因为过于接近极限值的拉深系数能引起坯料在凸模圆角部位过分变薄，而且在以后的拉深工序中，这部分变薄严重的缺陷会转移到成品零件的侧壁上去。所以，为了提高工艺稳定性和零件质量，适宜采用稍大于极限拉深系数的值。

2. 拉深次数的确定

当总拉深系数 $m_{总} > m_1$ 时，可一次拉深成形，否则需多次拉深成形。对于需多次拉深成形的，其拉深次数的确定有以下几种方法。

① 查表法。根据工件的相对高度 H/d，从表 4-9 中直接查得该工件拉深次数。

② 推算法。根据已知条件，由表 4-7 或表 4-8 查得各次的拉深系数 m，然后依次计算出各次拉深工序件的直径，即 $d_1 = m_1 D$、$d_2 = m_2 d_1$、$\cdots$、$d_n = m_n d_{n-1}$，直到 $d_n \leqslant d$，即当计算所得直径小于或等于工件直径 d 时，计算的次数即为拉深次数。

表 4-9　无凸缘圆筒形拉深件相对高度（H/d）与拉深次数的关系

拉深次数	坯料的相对厚度(t/D)×100					
	≤2.0～1.5	<1.5～1.0	<1.0～0.6	<0.6～0.3	<0.3～0.15	<0.15～0.08
1	0.94～0.77	0.84～0.65	0.70～0.57	0.62～0.50	0.52～0.45	0.46～0.38
2	1.88～1.54	1.60～1.32	1.36～1.1	1.13～0.94	0.96～0.83	0.9～0.7
3	3.5～2.7	2.8～2.2	2.3～1.8	1.9～1.5	1.6～1.3	1.3～1.1
4	5.6～4.3	4.3～3.5	3.6～2.9	2.9～2.4	2.4～2.0	2.0～1.5
5	8.9～6.6	6.6～5.1	5.2～4.1	4.1～3.3	3.3～2.7	2.7～2.0

注：1. 大的 H/d 值适用于第一道工序的大凹模圆角 $[r_A(8～15)t]$。

2. 小的 H/d 值适用于第一道工序的小凹模圆角 $[r_A(4～8)t]$。

3. 表中数据适用材料为 08 钢、10 钢。

③ 计算法。拉深次数也可采用计算方法进行确定，其计算公式如下：

$$n = 1 + \frac{\lg d_n - \lg(m_1 D)}{\lg m_n} \tag{4-5}$$

式中　n——拉深次数；

　　　d_n——拉深件直径，mm；

　　　D——毛坯直径，mm；

　　　m_1——第一次拉深系数；

　　　m_n——以后各次的平均拉深系数。

上式计算出的拉深次数 n，一般不是整数，不能四舍五入法取整，而应采用较大整数值。

3. 拉深工序件尺寸的确定

确定拉深次数以后，由表查得各次拉深的极限拉深系数，适当放大，并加以调整，调整的原则是：

① 保证

$$m_1 m_2 \cdots m_n = \frac{d}{D}$$

② 使 $m_1 \geqslant [m_1]$，$m_2 \geqslant [m_2]$，$\cdots$，$m_n \geqslant m_n$，且 $m_1 < m_2 < \cdots < m_n$

最后按调整后的拉深系数计算各次工序件直径：$d_1 = m_1 D$，$d_2 = m_2 d_1$，$\cdots$，$d_n = m_n d_{n-1}$。

式中 d_1，d_2，…，d_n——各次零件的中径，mm；

$\quad\quad$ m_1，m_2，…，m_n——各次的拉深系数；

$\quad\quad\quad\quad\quad\quad$ D——坯料直径，mm。

4. 圆角半径的确定

（1）拉深凹模圆角半径 r_A

拉深凹模圆角半径 r_A 与材料厚度、拉深件形状、尺寸及拉深方法有关。凹模圆角半径 r_A 过小，增加了毛坯进入凹模时的流动阻力，加大了拉深力，严重时出现拉破，同时对模具的寿命也会产生一定的影响。r_A 过大则会减小压料圈与毛坯的接触面积，使总的压料力减小，在拉深后期，毛坯外缘会过早地离开压料圈，容易使毛坯外缘起皱。当起皱严重时，增加了进入模具间隙的阻力，可能出现拉破。第一次（包括只有一次）拉深的凹模圆角半径可按以下经验公式计算

$$r_{A1}=0.8\sqrt{(D-d)t} \quad\quad\quad\quad (4-6)$$

式中 r_{A1}——首次拉深的凹模圆角半径，mm；

$\quad\quad$ D——毛坯直径，mm；

$\quad\quad$ d——拉深时凹模的内径，mm；

$\quad\quad$ t——材料厚度，mm。

上式适用于 $D-d\leqslant30$mm；当 $D-d>30$mm 时，应取较大的凹模圆角半径。

当拉深件直径 $d>200$mm 时，r_{A1} 可按式（4-7）计算

$$r_{A1min}=0.039d+2 \quad\quad\quad\quad (4-7)$$

首次拉深的凹模圆角半径 r_{A1} 也可按表 4-10 选取。

表 4-10　首次拉深凹模圆角半径 r_{A1} $\quad\quad\quad\quad$ 单位：mm

拉深方式	毛坯相对厚度$(t/D)\times100$		
	$\leqslant2.0\sim1.0$	$<1.0\sim0.3$	$<0.3\sim0.1$
无凸缘件拉深	$(4\sim6)t$	$(6\sim8)t$	$(8\sim12)t$
有凸缘件拉深	$(6\sim10)t$	$(10\sim15)t$	$(15\sim20)t$

注：1. 最好用球面压料圈；

$\quad$ 2. 对于有色金属取较小值，对于黑色金属取较大值。

以后各次拉深时凹模圆角半径应逐渐减小，可按式（4-8）确定：

$$r_{Ai}=(0.7\sim1.0)r_{A(i-1)} \quad (i=2,3,\cdots,n) \quad\quad (4-8)$$

式中 r_{Ai}——第 i 次拉深时的凹模圆角半径，mm；

$\quad\quad$ $r_{A(i-1)}$——第 $i-1$ 次拉深时凹模的圆角半径，mm。

有凸缘件拉深时，末次拉深的凹模圆角半径一般应根据拉深件凸缘圆角半径确定。当凸缘圆角半径过小时，则应以较大的凹模圆角半径拉深，然后增加整形工序缩小凸缘圆角半径。

（2）拉深凸模的圆角半径 r_T

拉深凸模的圆角半径过小，拉深过程中危险断面容易产生局部变薄，甚至被拉裂。凸模圆角半径过大，拉深时底部材料的承压面积小，容易变薄。

首次拉深时的凸模圆角半径可等于或略小于首次拉深时的凹模圆角半径，即

$$r_{T1}=(0.7\sim1.0)r_{A1} \quad\quad\quad\quad (4-9)$$

以后各次拉深的凸模圆角半径可按式（4-10）确定

$$r_{Ti-1} = \frac{d_{i-1} - d_i - 2t}{2} \quad (i = 2, 3, \cdots, n) \tag{4-10}$$

式中　d_{i-1}，d_i——各工序件的外径。

最后一次拉深时，凸模圆角半径 r_{Tn} 应与拉深件底部圆角半径相等。但当拉深件底部圆角半径小于拉深工艺要求时，则凸模圆角半径应按拉深工艺要求确定，然后通过增加整形工序得到拉深件所需的圆角半径。

5. 工序件高度的计算

根据拉深前后工序件表面积与坯料表面积相等的原则，可得到如下工序件高度计算公式

$$h_1 = 0.25 \times \left(\frac{D^2}{d_1} - d_1 \right) + 0.43 \times \frac{r_1}{d_1}(d_1 + 0.32r_1)$$

$$h_2 = 0.25 \times \left(\frac{D^2}{d_2} - d_2 \right) + 0.43 \times \frac{r_2}{d_2}(d_2 + 0.32r_2)$$

$$\cdots\cdots$$

$$h_n = 0.25 \times \left(\frac{D^2}{d_n} - d_n \right) + 0.43 \times \frac{r_n}{d_n}(d_n + 0.32r_n) \tag{4-11}$$

式中　h_1，h_2，$\cdots$，h_n——各次拉深工序件高度，mm；

d_1，d_2，$\cdots$，d_n——各次拉深工序直径，mm；

r_1，r_2，$\cdots$，r_n——各次拉深工序件底部圆角半径，mm；

D——坯料直径，mm。

三、有凸缘圆筒形件拉深工艺计算

1. 有凸缘圆筒形件的拉深特点及方法

有凸缘圆筒形件如图 4-12 所示。从形状上看，它好像是无凸缘圆筒形件拉深的中间状态，实际上它比无凸缘圆筒形件的拉深要复杂得多，在拉深过程中，除了要保证圆筒形部分的直径外，还要保证凸缘部分的直径和零件的高度，因此其工艺计算和拉深调试都比较麻烦。有凸缘圆筒形件按凸缘相对直径（d_t/d）的大小，可分为窄凸缘圆筒形件和宽凸缘圆筒形件。

（1）窄凸缘圆筒形件的拉深方法

对于 $d_t/d = 1.1 \sim 1.4$ 的窄凸缘圆筒形件，多次拉深时由于凸缘很窄，可以将窄凸缘圆筒形件当作无凸缘圆筒形件进行拉深，只是在最后一道工序用整形的方法压成凸缘要求的形状。为了使凸缘容易成形，在拉深的最后两道工序可采用锥形凹模和锥形压料圈进行拉深，形成锥形凸缘，这样整形时就会减小凸缘区切向的拉伸变形，对防止外缘开裂有利。

（2）宽凸缘圆筒形件的拉深方法

对于 $d_t/d > 1.4$ 的宽凸缘圆筒形件，如果根据极限拉深系数或相对高度判断，拉深件不能一次拉深成形时，则需进行多次拉深。其拉深原则为：第一次拉深时，其凸缘的外径应等于成品零件的凸缘外径（加修边量），在以后的拉深工序中凸缘部分的外径保持不变，仅仅依靠筒形部分的材料转移，逐步地达到零件尺寸要求。因为在以后的拉深工序中，即使凸缘部分产生很小

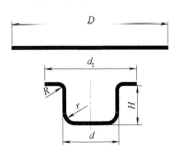

图 4-12　有凸缘圆筒形件及其坯料

的变形，筒壁传力区也将产生很大的拉应力，使危险断面拉裂。为此，在调节工作行程时，应严格控制凸模进入凹模的深度。但对于多数普通压力机来说，要严格做到这一点有一定困难，而且尺寸计算还有一定误差，再加上拉深时板料厚度有所变化，所以在工艺计算时，除了应精确计算工序件高度外，通常有意把第一次拉入凹模的坯料面积加大3%~5%，在以后各次拉深时，逐步减少这个额外多拉入凹模的面积，最后这部分多拉入凹模的面积转移到零件口部附近的凸缘上，使这里的板料增厚，但这不影响零件质量。用这种办法来补偿上述各种误差，以免在以后各次拉深时凸缘受力变形。这一工艺措施对于板料厚度小于0.5mm的拉深件，效果较为显著。

2. 有凸缘圆筒形件的拉深变形程度

有凸缘圆筒形件的拉深系数 m_t 为：

$$m_t = \frac{d}{D} \tag{4-12}$$

式中　d——有凸缘圆筒形件筒形部分直径，mm；

　　　D——毛坯直径，mm。

当零件底部圆角半径 r 与凸缘转角半径 R 相等，即 $r=R$ 时，根据表 4-6 常用旋转体拉深件坯料直径的计算公式，坯料直径为

$$D = \sqrt{d_1^2 + 4d_2h + 2\pi r(d_1 + d_2) + 4\pi r^2 + d_4^2 - d_3^2} \text{ 或 } D = \sqrt{d_4^2 + 4d_2H - 3.44rd_2}$$

所以

$$m_t = \frac{d}{D} = \frac{1}{\sqrt{\left(\dfrac{d_t}{d}\right)^2 + 4\dfrac{h}{d} - 3.44\dfrac{R}{d}}} \tag{4-13}$$

式中　d_t/d——凸缘相对直径；

　　　h/d——零件的相对高度；

　　　R/d——零件的相对圆角半径。

由式（4-13）可以看出，有凸缘圆筒形件的拉深系数取决于三个相对比值即 d_t/d、h/d、R/d，其中以 d_t/d 影响最大，h/d 次之，R/d 影响最小。d_t/d 和 h/d 越大，表示拉深时毛坯变形区的宽度大，拉深成形的难度也大，当 d_t/d 和 h/d 超过一定值时，便不能一次拉深，表 4-11 是有凸缘圆筒形件首次拉深可能达到的极限相对高度。表 4-12 为有凸缘圆筒形件首次拉深时的极限拉深系数。由表可以看出，$d_t/d \leqslant 1.1$ 时，极限拉深系数与无凸缘圆筒形件基本相同。随着 d_t/d 增大，其极限拉深系数减小。到 $d_t/d=3$ 时，拉深系数为 0.33，但这并不表明有凸缘圆筒形件拉深的变形程度大。比如当 $d_t/d=3$，即 $d_t=3d$ 时，$m_t = \dfrac{d}{D} = 0.33$，即 $D = \dfrac{d}{0.33} \approx 3d$；可见此时有 $D = d_t$，这说明毛坯直径等于凸缘直径，毛坯外缘不收缩，零件的变形程度为零。

当总拉深系数 m_t 大于表 4-12 的极限拉深系数值或零件相对高度 h/d 小于表 4-11 的极限值时，则凸缘圆筒形件可以一次拉深成形，否则，需要多次拉深成形。

有凸缘圆筒形件以后各次拉深的变形特点与无凸缘圆筒形件基本相同，各拉深系数为：

$$m_i = \frac{d_i}{d_{i-1}} (i = 2, 3, \cdots, n) \tag{4-14}$$

式中　d_i，d_{i-1}——第 i 次和第 $i-1$ 次有凸缘圆筒形件筒形部分直径，mm。

有凸缘圆筒形件以后各次拉深系数与凸缘宽度及外形尺寸无关，可以取无凸缘圆筒形件的相应拉深系数或略小的数值，见表 4-13。

表 4-11　有凸缘圆筒形件首次拉深的极限相对高度（h/d）

凸缘的相对直径 d_1/d	坯料的相对厚度（t/D）×100				
	2～1.5	1.5～1.0	1.0～0.6	0.6～0.3	0.3～0.1
1.1 以下	0.90～0.75	0.82～0.65	0.70～0.57	0.62～0.50	0.52～0.45
1.3	0.80～0.65	0.72～0.56	0.60～0.50	0.53～0.45	0.47～0.40
1.5	0.70～0.58	0.63～0.50	0.53～0.45	0.48～0.40	0.42～0.35
1.8	0.58～0.48	0.53～0.42	0.44～0.37	0.39～0.34	0.35～0.29
2.0	0.51～0.42	0.46～0.36	0.38～0.32	0.34～0.29	0.30～0.25
2.2	0.45～0.35	0.40～0.31	0.33～0.27	0.29～0.25	0.26～0.22
2.5	0.35～0.28	0.32～0.25	0.27～0.22	0.23～0.20	0.21～0.17
2.8	0.27～0.22	0.24～0.19	0.21～0.17	0.18～0.15	0.16～0.13
3.0	0.22～0.18	0.20～0.16	0.17～0.14	0.15～0.12	0.13～0.10

注：1. 表中大值适用于大的圆角半径［由 $t/D=2\%\sim1.5\%$ 时的 $R=(10\sim12)t$ 到 $t/D=0.3\%\sim0.15\%$ 时的 $R=(20\sim25)t$］，小值适用于底部及凸缘小的圆角半径，随着凸缘直径增加及相对拉深深度减小，其值也跟着减小。

2. 表中数值适用于 10 钢，对于比 10 钢塑性好的材料取表中的大值；比 10 钢塑性差的材料，取表中小值。

表 4-12　有凸缘圆筒形件首次拉深的极限拉深系数

凸缘的相对直径 d_1/d	坯料的相对厚度（t/D）×100				
	2～1.5	1.5～1.0	1.0～0.6	0.6～0.3	0.3～0.1
1.1 以下	0.51	0.53	0.55	0.57	0.59
1.3	0.49	0.51	0.53	0.54	0.55
1.5	0.47	0.49	0.50	0.51	0.52
1.8	0.45	0.46	0.47	0.48	0.48
2.0	0.42	0.43	0.44	0.45	0.45
2.2	0.40	0.41	0.42	0.42	0.42
2.5	0.37	0.38	0.38	0.38	0.38
2.8	0.34	0.35	0.35	0.35	0.35
3.0	0.32	0.33	0.33	0.33	0.33

表 4-13　有凸缘圆筒形件后次拉深的极限拉深系数

拉深系数	坯料的相对厚度（t/D）×100				
	2～1.5	1.5～1.0	1.0～0.6	0.6～0.3	0.3～0.1
m_2	0.73	0.75	0.76	0.80	0.80
m_3	0.75	0.78	0.79	0.80	0.82
m_4	0.78	0.80	0.82	0.83	0.84
m_5	0.80	0.82	0.84	0.85	0.86

3. 有凸缘圆筒形件的拉深次数

有凸缘圆筒形件多次拉深时，首次拉深后得到的工序件筒壁部分的直径 d_1 应尽量小，以减少拉深次数，同时又要尽量多地将材料拉入凹模。具体可以按照下列方法计算。

首先假定首次拉深的圆筒部分的直径 d_1，然后根据 d_1、D、t 求出高度 h_1、相对高度 h_1/d_1 的值。此假设的工序件如果符合首次拉深成形的所有要求，则直径 d_1 可作为首次拉深后的圆筒形部分尺寸，否则应重新假定一个 d_1 值，直到合适为止。

以后各次工序件的拉深直径可以按式（4-15）计算：

$$d_2 = m_2 d_1$$
$$d_3 = m_3 d_2$$
$$\cdots\cdots$$
$$d_n = m_n d_{n-1} \tag{4-15}$$

式中　d_1，d_2，d_3，$\cdots$，d_{n-1}，d_n——第一次、第二次、第三次、$\cdots$、第 $n-1$ 次，第 n 次拉深后的拉深件圆筒形部分直径，mm；

m_2，m_3，$\cdots$，m_n——第二次、第三次、$\cdots$、第 n 次拉深时的拉深系数，查表 4-13。

当计算到 $d_n < d$ 时，总的拉深次数就确定了。

4. 有凸缘圆筒形件的各次拉深高度

根据有凸缘圆筒形件坯料直径的计算公式，推导出各次拉深后圆筒部分的高度公式为：

$$h_1 = \frac{0.25}{d_1}(D^2 - d_t^2) + 0.43(r_1 + R_1) + \frac{0.14}{d_1}(r_1^2 - R_1^2) \tag{4-16}$$
$$\cdots\cdots$$
$$h_n = \frac{0.25}{d_n}(D^2 - d_t^2) + 0.43(r_n + R_n) + \frac{0.14}{d_n}(r_n^2 - R_n^2) \tag{4-17}$$

当 $R_凹 = R_凸$，上式简化为：

$$h_n = 0.25 \times \frac{D^2 - d_t^2}{d} + 0.86 R_{凹 n} \tag{4-18}$$

式中　　　D——坯料直径，mm；

h_1，$\cdots$，h_n——各次拉深后工序件的高度，mm；

d_1，$\cdots$，d_n——各次拉深后工序件的直径，mm；

r_1，$\cdots$，r_n——各次拉深后工序件底部的圆角半径，mm；

R_1，$\cdots$，R_n——各次拉深后工序件凸缘处的圆角半径，mm。

"筒形接插件外壳拉深工艺计算程序"学习记录表和学习评价表见表 4-14、表 4-15。

表 4-14 "筒形接插件外壳拉深工艺计算程序"学习记录表

表 4-14 学习记录表

筒形接插件外壳拉深工艺计算程序	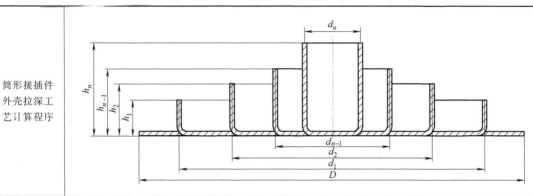		

筒形接插件外壳拉深工艺计算程序

序号	项目	方法	结果
1	修边余量 ΔR 的确定		
2	初算毛坯直径 D		
3	判断拉深成形次数		
4	预定首次拉深直径 d_1		
5	确定以后各次还需要拉深的次数		
6	计算后次拉深直径		
7	确定后次拉深凸、凹模圆角半径		
8	计算后次拉深时的拉深件高度		
9	绘制工序图		

结论:

表 4-15 "简形接插件外壳拉深工艺计算程序"学习评价表

班级		姓名		学号		日期	
任务名称			简形接插件外壳拉深工艺计算程序				

<table>
<tr><td rowspan="12">自我评价</td><td colspan="2">评价内容</td><td colspan="2">掌握情况</td></tr>
<tr><td>1</td><td>修边余量 ΔR 的确定</td><td>□是</td><td>□否</td></tr>
<tr><td>2</td><td>初算毛坯直径 D</td><td>□是</td><td>□否</td></tr>
<tr><td>3</td><td>判断拉深成形次数</td><td>□是</td><td>□否</td></tr>
<tr><td>4</td><td>预定首次拉深直径 d_1</td><td>□是</td><td>□否</td></tr>
<tr><td>5</td><td>确定以后各次还需要拉深的次数</td><td>□是</td><td>□否</td></tr>
<tr><td>6</td><td>计算后次拉深直径</td><td>□是</td><td>□否</td></tr>
<tr><td>7</td><td>确定后次拉深凸、凹模圆角半径</td><td>□是</td><td>□否</td></tr>
<tr><td>8</td><td>计算后次拉深时的拉深件高度</td><td>□是</td><td>□否</td></tr>
<tr><td>9</td><td>绘制工序图</td><td>□是</td><td>□否</td></tr>
<tr><td colspan="4">学习效果自评等级：□优　　　□良　　　□中　　　□合格　　　□不合格</td></tr>
<tr><td colspan="4">总结与反思：</td></tr>
</table>

<table>
<tr><td rowspan="9">小组合作
学习评价</td><td>评价内容</td><td colspan="5">完成情况</td></tr>
<tr><td>1　合作态度</td><td>□优</td><td>□良</td><td>□中</td><td>□合格</td><td>□不合格</td></tr>
<tr><td>2　分工明确</td><td>□优</td><td>□良</td><td>□中</td><td>□合格</td><td>□不合格</td></tr>
<tr><td>3　交互质量</td><td>□优</td><td>□良</td><td>□中</td><td>□合格</td><td>□不合格</td></tr>
<tr><td>4　任务完成</td><td>□优</td><td>□良</td><td>□中</td><td>□合格</td><td>□不合格</td></tr>
<tr><td>5　任务展示</td><td>□优</td><td>□良</td><td>□中</td><td>□合格</td><td>□不合格</td></tr>
<tr><td colspan="6">学习效果小组自评等级：□优　　　□良　　　□中　　　□合格　　　□不合格</td></tr>
<tr><td colspan="6">小组综合评价：</td></tr>
</table>

<table>
<tr><td rowspan="2">教师评价</td><td>学习效果教师评价等级：□优　　　□良　　　□中　　　□合格　　　□不合格</td></tr>
<tr><td>教师综合评价：</td></tr>
</table>

任务 4.3 筒形接插件外壳成形压力机选择

【任务描述】

完成筒形接插件外壳零件拉深成形过程中的压料力、拉深力计算，并选择合适的成形压力机。

【基本概念】

压料圈是拉深加工中用于模具上压料，防止工件壁部或凸缘部位起皱的零件。

【任务实施】

一、拉深力计算

根据 $d_1=61$，$t=2$，$\sigma_b=440\mathrm{MPa}$；根据拉深系数 $m=0.49$，$t/D=1.7\%$，查表 4-16 取 $K_1=0.9$。

$$F_{拉}=\pi d_1 t\sigma_L K_1=3.14\times61\times2\times440\times0.9=151699.68（\mathrm{N}）\approx152（\mathrm{kN}）$$

二、压料力计算

查表得单位面积压料力 $p=3\mathrm{MPa}$。$d_1=61\mathrm{mm}$、$d_2=51.24\mathrm{mm}$，计算首次拉深模压料力：

$$F_Y=\frac{\pi}{4}[D^2-(d_1+2r_{凹1})^2]p=\frac{\pi}{4}[123.6^2-(61+2\times10)^2]\times3=20526.1（\mathrm{N}）\approx21（\mathrm{kN}）$$

三、确定压力机公称压力

压力机的公称压力 $F_g\geqslant(1.6\sim1.8)\times(F_{拉}+F_Y)=(1.6\sim1.8)\times(152+21)=276.8\sim311.4（\mathrm{kN}）$。

结论：综上所述，筒形接插件外壳零件拉深成形选择压力机的型号为 JB23-63。

【知识链接】

一、拉深力的计算

通常拉深力指拉深过程中的最大值 $F_{\max}$。由于影响拉深力的因素比较复杂，按实际受力和变形情况来准确计算拉深力是比较困难的。在生产中通常是以危险断面的拉应力不超过其抗拉强度为依据，常用以下经验公式进行计算。

1. 采用压料圈拉深时

（1）首次拉深

$$F_{拉}=\pi d_1 t\sigma_b K_1 \tag{4-19}$$

（2）以后各次拉深

$$F_{拉}=\pi d_i t\sigma_b K_2 (i=2,3,\cdots,n) \tag{4-20}$$

2. 不采用压料圈拉深时

（1）首次拉深

$$F_{拉}=1.25\pi(D-d_1)t\sigma_b \tag{4-21}$$

（2）以后各次拉深

$$F_{拉}=1.3\pi(d_i-d_{i-1})t\sigma_b \quad (i=2,3,\cdots,n) \tag{4-22}$$

式中 $F_{拉}$——拉深力，N；

         t——板料厚度，mm；

         D——坯料直径，mm；

$d_1,d_2,\cdots,d_n$——各次拉深工序直径，mm；

     K_1,K_2——修正系数，其值见表 4-16 和表 4-17。

表 4-16   修正系数 K_1 值

$\dfrac{t}{D}\times100$	拉深系数									
	0.45	0.48	0.50	0.52	0.55	0.60	0.65	0.70	0.75	0.80
5	0.95	0.85	0.75	0.65	0.60	0.50	0.43	0.35	0.28	0.20
2	1.1	1.0	0.90	0.80	0.75	0.60	0.50	0.42	0.35	0.25
1.2		1.1	1.0	0.90	0.80	0.68	0.56	0.47	0.37	0.30
0.8			1.1	1.0	0.90	0.75	0.60	0.50	0.40	0.33
0.5				1.1	1.0	0.82	0.67	0.55	0.45	0.36
0.2					1.1	0.90	0.75	0.60	0.50	0.40
0.1						1.1	0.90	0.75	0.60	0.50

表 4-17   修正系数 K_2 值

$\dfrac{t}{D}\times100$	拉深系数									
	0.70	0.72	0.75	0.78	0.80	0.82	0.85	0.88	0.90	0.92
5	0.85	0.70	0.60	0.50	0.42	0.32	0.28	0.20	0.15	0.12
2	1.1	0.90	0.75	0.60	0.52	0.42	0.32	0.25	0.20	0.14
1.2		1.1	0.90	0.75	0.62	0.52	0.42	0.30	0.25	0.16
0.8			1.0	0.82	0.70	0.57	0.46	0.35	0.27	0.18
0.5			1.1	0.90	0.76	0.63	0.50	0.40	0.30	0.20
0.2				1.0	0.85	0.70	0.56	0.44	0.33	0.23
0.1				1.1	1.0	0.82	0.68	0.55	0.40	0.30

二、压料力的计算

1. 压边条件

为了解决拉深过程中的起皱问题，生产中的主要方法是在模具结构上采用压料圈等压料装置。是否采用压料装置主要看拉深过程中是否可能发生起皱，在实际生产中可按表 4-18 来判断拉深过程中是否起皱和是否采用压料装置。

表 4-18   采用或不采用压料装置的条件

拉深方式	首次拉深		以后各次拉深	
	$(t/D)/\%$	m_1	$(t/D)/\%$	m_n
采用压料装置	<1.5	<0.6	<1.0	<0.8
可用可不用	1.5~2.0	0.6	1.0~1.5	0.8
不用压料装置	>2.0	>0.6	>1.5	>0.8

为了防止起皱，在实际生产中通常采用在模具上设置压料装置，使坯料凸缘区夹在凹模平面与压料圈之间，并通过合理调节压料圈上的压料力来提高拉深时允许的变形程度。当然并不是任何情况下都会发生起皱现象，当变形程度较小、坯料相对厚度较大时，一般不会起皱，这时就可不必采用压料装置。

当确定需要采用压边装置后，压边力的大小必须适当。压边力过大时，会增加坯料被拉入凹模的压力，容易拉裂制件；压边力过小时，则不能防止凸缘起皱，起不到压边作用。压边力的大小应在不起皱的条件下尽可能小。

2. 压料力的计算公式

在模具设计时，压料力 F_Y 可按下列经验公式计算：

（1）任何形状的拉深件

$$F_Y = Ap \tag{4-23}$$

（2）圆筒形件首次拉深

$$F_Y = \frac{\pi}{4}\left[d_{i-1}^2 - (d_i + 2r_{凹i})^2\right]p \tag{4-24}$$

（3）圆筒形件以后各次拉深

$$F_Y = \pi\left[d_{i-1}^2 - d_i^2\right]p/4 \quad (i = 2, 3, \cdots, n) \tag{4-25}$$

式中　　　　A——压料圈下坯料的投影面积，mm^2；

　　　　　　p——单位面积压料力，MPa，其值可查表 4-19；

$d_1, d_2, \cdots, d_i$——各次拉深工序件直径，mm；

　　　　　$r_{凹i}$——拉深凹模圆角半径，mm。

表 4-19　单位面积压料力 p　　　　　　　　单位：MPa

材料	单位压料力	材料	单位压料力
铝	0.8～1.2	软钢	2.5～3.0
纯铜、硬铝(已退火)	1.2～1.8	镀锡钢	2.5～3.0
黄铜	1.5～2.0	耐热钢(软化)	2.8～3.5
软钢($t>0.5mm$)	2.0～2.5	高合金钢、不锈钢、高锰钢	3.0～4.5

三、压力机公称压力的确定

单动压力机其公称压力应大于工艺总压力。工艺总压力 F_z 为：

$$F_z = F_拉 + F_Y \tag{4-26}$$

式中　$F_拉$——拉深力，N；

　　　F_Y——压料力，N。

选择压力机公称压力时必须注意，当拉深工作行程较大，尤其落料拉深复合时，应使工艺力曲线位于压力机滑块的许用压力曲线之下，而不能简单地按压力机公称压力大于工艺力的原则去确定压力机规格，否则可能会发生压力机超载而损坏。

在实际生产中可按式（4-27）、式（4-28）来确定压力机的公称压力。

浅拉深：

$$F_g \geqslant (1.6 \sim 1.8)F_z \tag{4-27}$$

深拉深：

$$F_g \geqslant (1.8 \sim 2.0)F_z \tag{4-28}$$

式中　F_g——压力机公称压力，N。

"筒形接插件成形压力机的选择"学习记录表和学习评价表见表 4-20、表 4-21。

表 4-20 学习记录表

表 4-20 "筒形接插件成形压力机选择"学习记录表

筒形接插件成形压力机选择			
序号	项目	计算公式	结果
1	筒形接插件成形拉深力的计算		
2	筒形接插件成形压料力的计算		
3	筒形接插件压力机公称压力的确定		

结论：

表 4-21 "筒形接插件成形压力机选择"学习评价表

班级		姓名		学号		日期	
任务名称				筒形接插件成形压力机选择			

		评价内容		掌握情况	
自我评价	1	拉深力的计算		□是	□否
	2	压料力的计算		□是	□否
	3	压力机公称压力的确定		□是	□否

学习效果自评等级:□优　　□良　　□中　　□合格　　□不合格

总结与反思:

		评价内容	完成情况				
小组合作学习评价	1	合作态度	□优	□良	□中	□合格	□不合格
	2	分工明确	□优	□良	□中	□合格	□不合格
	3	交互质量	□优	□良	□中	□合格	□不合格
	4	任务完成	□优	□良	□中	□合格	□不合格
	5	任务展示	□优	□良	□中	□合格	□不合格

学习效果小组自评等级:□优　　□良　　□中　　□合格　　□不合格

小组综合评价:

学习效果教师评价等级:□优　　□良　　□中　　□合格　　□不合格

教师综合评价:

教师评价

任务 4.4　筒形接插件外壳成形工作零件设计

【任务描述】

计算筒形接插件外壳零件成形拉深间隙，确定拉深凸、凹模工作部分尺寸及公差。

【基本概念】

拉深间隙：拉深成形凸模和凹模之间的单面间隙。

【任务实施】

一、筒形接插件拉深模的圆角半径设计

筒形接插件外壳拉深模首次拉深凹模的圆角半径

$$R_{凸1}=R_{凹1}=0.8\sqrt{(D-d_1)t}=0.8\times\sqrt{(118-61)\times2}=8.5（mm）$$

取 $R_{凸1}=R_{凹1}=9mm$

以后各次拉深件的圆角半径按 $R_{凹i}=(0.6\sim0.8)R_{凹i-1}$

取 $r_2=R_2=7mm$，$r_3=R_3=5mm$，$r_4=R_4=3mm$

二、筒形接插件拉深模间隙设计

筒形接插件外壳零件成形共需要四次拉深完成，查表得知首次和第二次拉深单边间隙为 $Z/2=1.2t=1.2\times2=2.4（mm）$；第三次拉深单边间隙为 $Z/2=1.1t=2.2mm$，最后一次拉深拉深单边间隙为 $Z/2=1.05t=2.1mm$。

三、筒形接插件拉深模工作部分尺寸和公差

筒形接插件要求外形尺寸，故以拉深凹模为设计基准，确定尺寸及制造公差。首次拉深凹模尺寸根据公式 $D_{凹1}=(D_{max}-0.75\Delta)^{+\delta_凹}_0$ 计算得出凹模尺寸 $D_{凹1}=62.45^{+0.08}_0$。其中 D_{max} 取 63mm，工件尺寸公差按照 IT14 级公差换算 $63^{0}_{-0.74}$，$\Delta=0.74$，模具公差查表取 $\delta_凹=0.08$。间隙取在凸模上，依据公式 $D_{凸}=(D_{凹}-Z)^{0}_{-\delta_凸}=(D_{max}-0.75\Delta-Z)^{0}_{-\delta_凸}$，模具公差查表取 $\delta_凸=0.05$，计算凸模尺寸为 $D_{凸1}=57.65^{0}_{-0.05}$。

四、筒形接插件拉深模结构设计

拉深凹模应取合适的倒锥，以利于零件顺利推出。凸模钻取 5mm 的通气孔。

【知识链接】

一、拉深凸、凹模的圆角半径设计

1. 凹模圆角半径的确定

首次（包括只有一次）拉深凹模圆角半径可按式（4-29）计算：

$$R_{凹 1}=0.8\sqrt{(D-d_1)t} \tag{4-29}$$

以后各次拉深凹模圆角半径应逐渐减小，一般按式（4-30）确定：

$$R_{凹 i}=(0.6\sim0.8)R_{凹 i-1}(i=2,3,\cdots,n) \tag{4-30}$$

以上计算所得凹模圆角半径一般应符合 $R_{凹}>2t$ 的要求。

2. 凸模圆角半径的确定

首次拉深可取：

$$R_{凸 1}=(0.7\sim1.0)R_{凹 1} \tag{4-31}$$

中间各拉深工序凸模圆角半径可按式（4-32）确定

$$R_{凸 i-1}=\frac{d_{i-1}-d_i-2t}{2} \quad (i=2,3,\cdots,n) \tag{4-32}$$

最后一次拉深凸模圆角半径 $R_{凸 n}$ 即等于零件圆角半径 r。

但零件圆角半径如果不满足拉深工艺性要求时，则凸模圆角半径应按工艺性的要求确定（即 $R_{凸}\geqslant t$），然后通过整形工序得到零件要求的圆角半径。

二、拉深模间隙设计

拉深模的凸、凹模间隙对拉深件质量和模具寿命都有很大的影响。间隙小时，拉深件的回弹小，尺寸精度较高，但拉深力较大，凸、凹模磨损较快，模具寿命较低。间隙值过小时，拉深件筒壁将严重变薄，危险断面容易破裂。间隙大时，拉深件筒壁的锥度大，尺寸精度低。

1. 无压料装置的拉深模凸、凹模的间隙

无压料装置的拉深模凸、凹模的间隙可按式（4-33）取值

$$\frac{Z}{2}=(1\sim1.1)t_{max} \tag{4-33}$$

式中　$Z/2$——拉深模的凸、凹模单边间隙，mm；

　　　t_{max}——毛坯材料厚度的最大极限尺寸，mm；

　　$1\sim1.1$——系数，对于末次拉深或尺寸精度要求较高的拉深件取较小值，对于首次和中间各次拉深或尺寸精度要求不高的拉深件取较大值。

2. 有压料装置的拉深模的凸、凹模间隙

有压料装置的拉深模的凸、凹模间隙按表 4-22 取值。对于尺寸要求较高的工件，为了减小拉深后的回弹，常采用负间隙拉深，其单边间隙值为

$$\frac{Z}{2}=(0.9\sim0.95)t_{max} \tag{4-34}$$

表 4-22　有压料圈拉深时凸、凹模的单边间隙值 $Z/2$　　　　　　　　单位：mm

总拉深次数	拉深工序	单边间隙	总拉深次数	拉深工序	单边间隙
1	1	$(1\sim1.1)t$	4	1、2	$1.2t$
2	1	$1.1t$		3	$1.1t$
	2	$(1\sim1.05)t$		4	$(1\sim1.05)t$
3	1	$1.2t$	5	1、2、3	$1.2t$
	2	$1.1t$		4	$1.1t$
	3	$(1\sim1.05)t$		5	$(1\sim1.05)t$

三、拉深凸模与凹模的结构设计

拉深凸模与凹模的结构形式决定于制件的形状和尺寸、拉深方法和拉深次数，以及所采用的设备和其他工序配合的要求等。凸、凹模的结构设计是否合理，不但直接影响到拉深时的坯料变形，而且会影响拉深件的质量。常用凹模的结构形式主要包括直通孔式拉深凹模、台阶孔式凹模，拉深凹模的结构形式如图 4-13 所示。

拉深后由于受空气压力的作用，制件包紧在凸模上不易脱下，材料厚度较薄时冲件甚至会被压瘪。因此，通常都需要在凸模上留有通气孔，通气孔的开口高度 h 应大于制件的高度 H，一般取 $h = H + (5 \sim 10)\text{mm}$；通气孔的直径不宜太小，否则容易被润滑剂堵塞或因通气量小而导致气孔不起作用，孔径一般为 $3 \sim 8\text{mm}$，拉深凸模的结构形式如图 4-14 所示。拉深后为了使制件容易从模具上脱下，凸模的高度方向应带有一定锥度。一般圆筒形零件的拉深，α 可取 $2' \sim 5'$。拉深凸、凹模可以用凸缘固定，也可以过渡配合嵌入模座内，并用螺钉连接紧固，对于较大的拉深凸模，为了加工和热处理方便可采用组合式的结构。

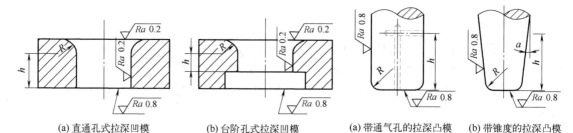

(a) 直通孔式拉深凹模　　(b) 台阶孔式拉深凹模　　　　(a) 带通气孔的拉深凸模　(b) 带锥度的拉深凸模

图 4-13　拉深凹模的结构形式　　　　　　　　图 4-14　拉深凸模的结构形式

四、拉深模工作部分尺寸的确定

拉深件的尺寸和公差是由最后一道拉深模保证的，考虑模具的磨损和拉深件的回弹，最后一道拉深模的凸、凹模工作部分的尺寸及公差根据拉深件的尺寸标注确定如下。

① 当拉深件标注外形尺寸时，应当以凹模为基准，先计算确定凹模的工作尺寸，然后通过减小凸模尺寸来保证凸、凹模间隙，计算公式如下：

$$D_{凹} = (D_{\max} - 0.75\Delta)_{0}^{+\delta_{凹}} \tag{4-35}$$

$$D_{凸} = (D_{凹} - Z)_{-\delta_{凸}}^{0} = (D_{\max} - 0.75\Delta - Z)_{-\delta_{凸}}^{0} \tag{4-36}$$

② 当拉深件标注内形尺寸时，应当以凸模为基准，先计算确定凸模的工作尺寸，然后通过增大凹模尺寸来保证凸、凹模间隙，计算公式如下：

$$d_{凸} = (d_{\min} + 0.4\Delta)_{-\delta_{凸}}^{0} \tag{4-37}$$

$$d_{凹} = (d_{凸} + Z)_{0}^{\delta_{凹}} = (d_{\min} + 0.4\Delta + Z)_{0}^{+\delta_{凹}} \tag{4-38}$$

③ 对于首次和中间各次拉深模，半成品的尺寸无需严格要求，凸模或凹模的尺寸只要取过渡毛坯的基本尺寸即可，若以凹模为基准，凸、凹模的尺寸可按式（4-39）、式（4-40）计算：

$$D_{凹i} = D_i{}_{0}^{+\delta_{凹}} \tag{4-39}$$

$$D_{凸i} = (D_{凹i} - Z)_{-\delta_{凸}}^{0} = (D_i - Z)_{-\delta_{凸}}^{0} \tag{4-40}$$

式中 $D_凹$、$d_凹$——凹模尺寸，mm；

$\qquad D_凸$、$d_凸$——凸模尺寸，mm；

$\qquad D_{\max}$、$d_{\min}$——拉深件最大外形尺寸和最小内形尺寸，mm；

$\qquad \Delta$——拉深件的公差，mm；

$\qquad D_{凹i}$、$D_{凸i}$——首次或中间各次拉深的凹模和凸模尺寸，mm；

$\qquad D_i$——首次或中间各次拉深半成品外径的基本尺寸，mm；

$\qquad Z$——凸、凹模双面间隙，mm；

$\qquad \delta_凸$、$\delta_凹$——凸、凹模的制造公差，可按 IT6～IT9 级确定，或查表 4-23。

表 4-23 拉深凸、凹模的制造公差 单位：mm

材料厚度	拉深件直径					
	≤20		20～100		>100	
	$\delta_凹$	$\delta_凸$	$\delta_凹$	$\delta_凸$	$\delta_凹$	$\delta_凸$
≤0.5	0.02	0.01	0.03	0.02	—	—
>0.5～1.5	0.04	0.02	0.05	0.03	0.08	0.05
>1.5	0.06	0.04	0.08	0.05	0.10	0.06

拉深凹模工作表面的粗糙度应达到 $Ra0.8\mu m$，口部圆角处的粗糙度一般要求为 $Ra0.4\mu m$，凸模工作表面的粗糙度一般为 $Ra0.8～1.6\mu m$。

 素养提升

绿色冲压

绿色制造是一个综合考虑环境影响与资源效率的现代制造模式，而绿色冲压亦是如此，实质上就是人类可持续发展战略在现代冲压中的具体体现。它应包括在模具设计、制造、维修及生产应用等各个方面。

① 绿色设计。所谓绿色设计即在模具设计阶段就将环境保护和减少资源消耗等措施纳入产品设计中，将可拆卸性、可回收性、可制造性等作为设计目标并行考虑并保证产品功能、质量寿命和经济性。随着模具工业的发展，对金属板料成形质量和模具设计效率要求越来越高，运用有限元法对板料成形过程进行计算机数值模拟，预测可能发生的起皱、破裂等缺陷，为优化冲压工艺和模具设计提供了科学依据，即为绿色模具设计。

② 绿色制造。在冲压生产中应尽量减少冲压工艺废料及结构废料，最大限度地利用材料和最低限度地产生废弃物。减少工艺废料，就是通过优化排样来解决。通过优化排样对结构废料多的工件可采用套裁方法，从而能达到废物利用，变废为宝。

"筒形接插件外壳成形工作零件设计"学习记录表和学习评价表见表 4-24、表 4-25。

表 4-24 "筒形接插件外壳成形工作零件设计"学习记录表

表 4-24 学习记录表

筒形接插件外壳成形工作零件设计			
筒形接插件外壳成形工作零件设计			
序号	项目	计算公式	结果
1	筒形接插件拉深模凹模圆角半径设计		
2	筒形接插件拉深模凸模圆角半径设计		
3	筒形接插件拉深成形间隙计算		
4	筒形接插件拉深模凸模尺寸和公差计算		
5	筒形接插件拉深模凹模尺寸和公差计算		
6	筒形接插件拉深模凸模和凹模结构选择		

结论:

表 4-25 "筒形接插件外壳成形工作零件设计"学习评价表

班级		姓名		学号		日期	
任务名称		筒形接插件外壳成形工作零件设计					

表 4-25 学习评价表

	评价内容		掌握情况	
	1	拉深模圆角半径设计	□是	□否
	2	拉深模成形间隙计算	□是	□否
	3	拉深模凸模尺寸和公差计算	□是	□否
自我评价	4	拉深模凹模尺寸和公差计算	□是	□否
	5	拉深模凹模和凸模结构选择	□是	□否
	学习效果自评等级：□优　　□良　　□中　　□合格　　□不合格			
	总结与反思：			

	评价内容	完成情况				
	1	合作态度	□优	□良	□中	□合格　□不合格
	2	分工明确	□优	□良	□中	□合格　□不合格
	3	交互质量	□优	□良	□中	□合格　□不合格
小组合作学习评价	4	任务完成	□优	□良	□中	□合格　□不合格
	5	任务展示	□优	□良	□中	□合格　□不合格
	学习效果小组自评等级：□优　　□良　　□中　　□合格　　□不合格					
	小组综合评价：					

教师评价	学习效果教师评价等级：□优　　□良　　□中　　□合格　　□不合格
	教师综合评价：

任务 4.5　筒形接插件外壳拉深模结构设计

【任务描述】

确定筒形接插件外壳拉深模的结构设计方案，完成首次拉深模结构设计，绘制模具装配图。

【任务实施】

筒形接插件外壳拉深模装配图绘制如图 4-15 所示。

筒形接插
件外壳拉
深模

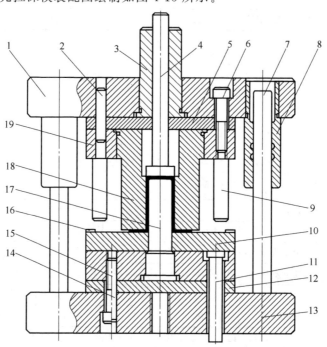

图 4-15　筒形接插件外壳拉深模装配图

1—上模座板；2,14—销钉；3—模柄；4—打杆；5,12—垫板；6,15—紧固螺钉；7—导柱；8—导套；9—限位柱；
10—压料圈；11—顶杆；13—下模座板；16—限位块；17—凸模；18—凹模；19—凹模固定板

【知识链接】

一、压料圈的设计

压料圈是压料装置的关键零件，常见的结构形式有平面形、锥形和弧形，如图 4-16 所示。一般的拉深模采用平面形压料圈如图 4-16（a）所示。当坯料相对厚度较小，拉深件凸缘小且圆角半径较大时，则采用带弧形的压料圈如图 4-16（c）所示。如图 4-16（b）所示锥形压料圈能降低极限拉深系数，其锥角与锥形凹模的锥角相对应，一般取 $\beta = 30° \sim 40°$，主要用于拉深系数较小的拉深件。

二、拉深模分类

拉深模的结构一般较简单，但结构类型较多：按工艺顺序可分为首次拉深模和以后各次拉深模；按使用的压力机类型不同，可分为单动压力机上使用的拉深模、双动压力机上使用的拉深模和三动压力机上使用的拉深模；按工序的组合程度不同，可分为单工序拉深模、复合工序拉深模与级进工序拉深模；按有无压边装置分为带压边装置和不带压边装置的拉深模等。

1. 首次拉深模

（1）无压料首次拉深模

无压料首次拉深模结构简单、制造方便，常用于材料塑性好、相对厚度较大的工件拉深。由于拉深凸模要深入凹模，所以该模具只适用于浅拉深。

图 4-17 所示为一无压边装置的首次拉深模典型结构。模具工作时，将毛坯放入模具，坯料在定位圈中定位，上模下行，在凸、凹模作用下将毛坯拉深成产品。拉深结束后，工件由凹模底部的台阶完成脱模，并由下模板底孔落下。由于模具没有采用导向机构，故模具安装时由校模圈完成凸、凹模的对中，保证间隙均匀，工作时应将校模圈移走。

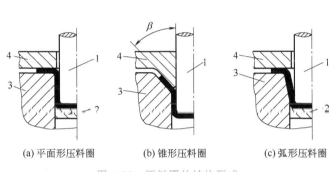

（a）平面形压料圈　　（b）锥形压料圈　　（c）弧形压料圈

图 4-16　压料圈的结构形式

1—凸模；2—顶板；3—凹模；4—压料圈

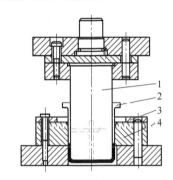

图 4-17　无压边装置的首次拉深模

1—凸模；2—校模圈；3—定位圈；4—凹模

（2）带压边装置的首次拉深模

带压边装置的首次拉深模常采用倒装结构，由于提供压边力的弹性元件受到空间位置的限制，所以压边装置及凸模一般安装在下模，凹模安装在上模。

图 4-18 所示为一带压边装置的首次拉深模典型结构。模具工作时，将毛坯送入模具内，用定位板定位，上模下行，压料板压紧工件，防止起皱，凸模与凹模相互作用，将毛坯拉深成所需要的形状和尺寸，下模上行，压料板在弹簧弹力作用下，将产品卸下。

（3）双动压力机上使用的首次拉深模

图 4-19 所示为一在双动压力机上使用的首次拉深模。双动压力机有两个滑块，内滑块与凸模 1 相连接；外滑块与压料圈 3、上模座 2 相连接。工作时，毛坯在凹模 4 上定位，外滑块首先带动压料圈 3 压住毛坯，然后拉深凸模下行进行拉深。拉深结束后，凸模先复位，工件则由于压料圈 3 的限制而留在凹模上，最后由顶件块 6 顶出。由于双动压力机外滑块提供的压边力恒定，故压边效果好。此类模具常用于变形量大、质量要求高、生产批量大的工件拉深。

2. 再次拉深模

无压料再次拉深模结构如图 4-20 所示。模具采用弹性卡圈式卸料装置，凹模采用硬质合金，拉深产品质量好，使用寿命长。模具工作时，将工序件送入模具中，用定位圈定位，上模下行，在凸、凹模作用下将工序件拉深成产品，当产品通过卸料卡板时，在锥面的作用下，卸料卡环克服弹簧的阻力胀开，当产品全部通过卸料卡环后，卸料卡环在弹簧弹力作用下闭合，当上模回程时，卸料卡环平面将产品刮下。

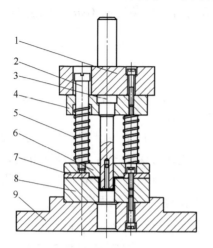

图 4-18　带压边装置的首次拉深模

1—模柄；2—压料拉杆；3—凸模；4—凸模固定板；

5—压料弹簧；6—压料板；7—定位圈；

8—凹模；9—下模座

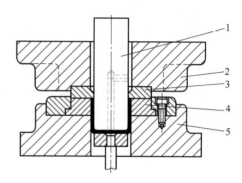

图 4-19　双动压力机上使用的首次拉深模

1—凸模；2—上模座；3—压料圈；4—凹模；

5—下模座；6—顶件块

3. 有压料再次拉深模

如图 4-21 所示的有压料再次拉深模采用倒装结构，将弹顶器设计在下模。模具工作时，将工序件套在压料圈上定位，上模下行，压料圈压紧工序件，防止起皱，凸模与凹模相互作用，将工序件拉深成所需要的尺寸。

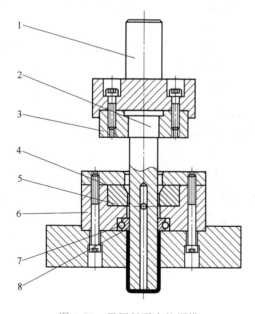

图 4-20　无压料再次拉深模

1—模柄；2—凸模；3—凸模固定板；4—定位板；5—凹模；

6—凹模固定座；7—弹簧；8—卸料卡环

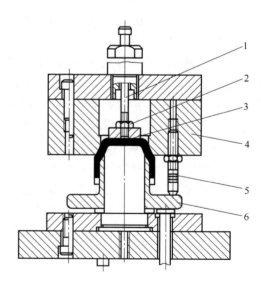

图 4-21　有压料再次拉深模

1—打杆；2—螺母；3—推件板；4—拉伸凹板；

5—限位柱；6—压料圈

"筒形接插件外壳拉深模结构设计"学习记录表和学习评价表见表 4-26、表 4-27。

表 4-26 学
习记录表

表 4-26 "筒形接插件外壳拉深模结构设计"学习记录表

筒形接插件外壳拉深模结构设计	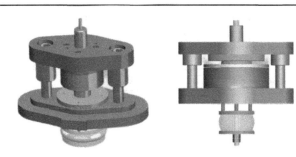

筒形接插件外壳拉深模结构设计

序号	项目	结论
1	筒形接插件外壳拉深模装配图的绘制	
2	筒形接插件外壳拉深模主要零件的零件图绘制	

结论：

表 4-27 "筒形接插件外壳拉深模结构设计"学习评价表

表 4-27 学习评价表

班级		姓名		学号		日期	
任务名称		筒形接插件外壳拉深模结构设计					

		评价内容				掌握情况	
自我评价	1	筒形接插件外壳拉深模装配图的绘制				☐是	☐否
	2	筒形接插件外壳拉深模凸模零件图绘制				☐是	☐否
	3	筒形接插件外壳拉深模凹模零件图绘制				☐是	☐否
	学习效果自评等级：☐优　　　☐良　　　☐中　　　☑合格　　　☐不合格						
	总结与反思：						

		评价内容	完成情况				
小组合作学习评价	1	合作态度	☐优	☐良	☐中	☐合格	☐不合格
	2	分工明确	☐优	☐良	☐中	☐合格	☐不合格
	3	交互质量	☐优	☐良	☐中	☐合格	☐不合格
	4	任务完成	☐优	☐良	☐中	☐合格	☐不合格
	5	任务展示	☐优	☐良	☐中	☐合格	☐不合格
	学习效果小组自评等级：☐优　　　☐良　　　☐中　　　☐合格　　　☐不合格						
	小组综合评价：						

	学习效果教师评价等级：☐优　　　☐良　　　☐中　　　☐合格　　　☐不合格	
教师评价	教师综合评价：	

项目五 ▶▶

汽车内部支架级进模具设计

 学习目标

【知识目标】

1. 了解多工位级进模的特点；
2. 了解级进模常用工序的组合形式；
3. 掌握级进模排样设计的内容与原则；
4. 熟悉排样的类型及特点；
5. 了解载体的形式和特点；
6. 了解分段冲切废料设计；
7. 掌握多工位级进模排样设计中空工位的设计要求；
8. 掌握多工位级进模工作原理和结构特点。

【能力目标】

1. 能够分析一般冲压件工艺性，制定多工位连续冲压成形工艺方案；
2. 能够完成一般冲压件的排样设计；
3. 能借助二维、三维设计软件绘制一般冲压件的排样设计图；
4. 能借助二维、三维设计软件绘制一般冲压件的多工位级进模结构图；
5. 能够分析中等复杂程度冲压件的排样设计图和多工位级进模结构图。

【素质目标】

1. 严谨、科学、诚信的职业素养；
2. 一丝不苟、精益求精的工匠精神；
3. 创新思维、创新意识和创新精神；
4. 具有质量意识、环保意识和安全意识；
5. 具有较强的团队合作精神，能够进行有效的人际沟通和协作。

思维导图

项目五测
试题及参
考答案

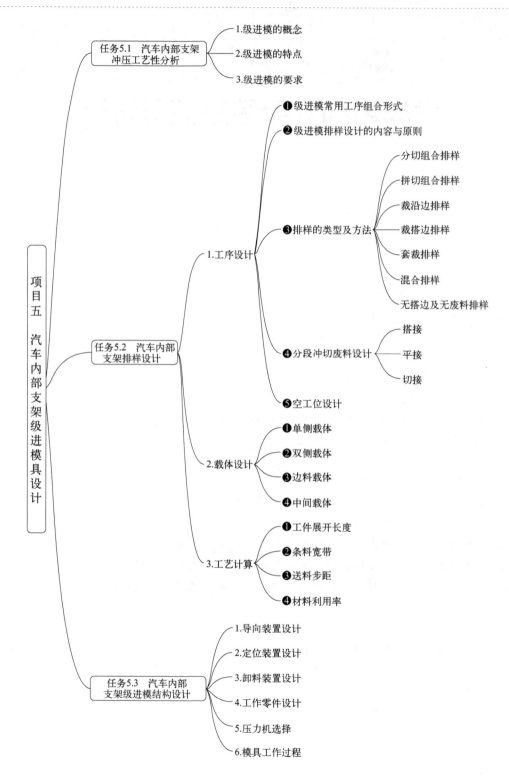

导入项目:

　　某模具厂接到某汽车生产公司订单: 为图 5-1 所示的汽车内部支架设计模具, 其材料为 GMW3032M-ST-S-HR550LA-UNCOATED-U, 高强度汽车钢, 要求大批量生产。如图 5-1 所示, 料厚 2mm, 支架长 79mm, 宽 20mm, 高 14mm。 ϕ6mm 孔和 6mm×10mm 异形孔需要与其他零件上的尺寸相配合, 故要求保证它们的位置精度。现需按照客户要求, 制定冲压工艺方案, 完成零件模具设计, 工作过程需符合 6S 规范。

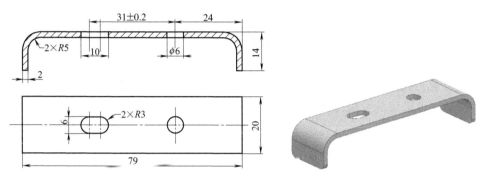

图 5-1　汽车内部支架零件图

任务 5.1　汽车内部支架冲压工艺性分析

【任务描述】

　　根据汽车内部支架的结构特点、材料及厚度等, 分析汽车内部支架的冲压工艺性, 确定工艺方案。

【任务实施】

一、结构工艺性分析

　　汽车内部支架形状对称, 结构较为简单, 没有小孔、尖角及悬壁等结构。

二、精度和断面粗糙度分析

　　零件尺寸精度要求一般。但 ϕ6mm 孔和 6mm×10mm 异形孔需弯曲后冲制, 以保证满足 24mm 和 (31±0.2) mm 尺寸要求。(31±0.2) mm 为 IT11～IT12 级, 其他未注公差尺寸按 IT14 级精度加工。

三、冲裁件材料和厚度分析

　　材质为高强度汽车钢, 料厚 2mm, 适合冲压生产。

四、冲裁工艺方案确定

考虑到零件需完成冲孔、落料（或切废料）和弯曲等不同工序，生产批量大，宜使用多工位级进模连续冲压，以保证尺寸精度和生产效率。

结论： 该零件适合在自动冲床上使用多工位级进模连续冲压。

【知识链接】

一、级进模的概念

在冲床的一次冲压行程中，同一副模具的不同工位同时完成两道以上冲压工序的冲模称为级进模，又称跳步模或连续模，它是一种多工序、高效率、高精度的冲压模具。在模具上，根据冲压件的实际需要，按一定顺序安排两个以上工位，每个工位完成不同的冲压工序，进行连续冲压。它不但可以完成冲裁工序，还可以完成成形工序，甚至装配工序。对一些形状复杂，或者孔边距较小的冲压件，若采用单工序模或复合模冲制有困难时，则可用级进模对冲压件采取分段的方法逐步冲出。因此级进模主要用于中小型复杂冲压件的大批量生产中。

二、级进模的特点

由于级进模生产效率高、生产成本低、产品质量好、容易实现冲压生产自动化，因此在现代冲压技术中，级进模占有重要地位。但级进模结构复杂，模具制造精度高，模具制造、调试和维修难度大，车间占地面积大，模具尺寸大，模具成本高。级进模的优势只有在大批量生产中才能得到体现。

① 级进模是多任务多工序冲模，在一副模具内，可以包括冲裁、弯曲、拉伸、压印、胀形等多种多道工序，具有很高的生产率；

② 级进模操作相比单工序模和复合模具较为安全；

③ 易于实现生产自动化；

④ 可以采用高速冲床生产；

⑤ 可以减少冲床、场地面积，减少半成品的运输和仓库占用；

⑥ 尺寸精度要求极高的零件，不宜使用级进模生产。

三、级进模的要求

① 零件尺寸较小；

② 生产批量大；

③ 材料厚度为 0.08～2.5mm 较为合适；

④ 材质硬度不宜太高；

⑤ 因需载体设计，材料利用率较低，不适合贵重金属；

⑥ 冲件在多个工位定位、冲压，有一定的送料和定位误差，要求送料精度和各工步之间的累积误差，不致使零件精度降低，冲压件精度要求不宜过高，一般要求 IT10 级以下；

⑦ 零件形状复杂，且经过冲制后不便于定位，采用多工位级进模最为理想。

【检测评价】

"汽车内部支架冲压工艺性分析"学习记录表和学习评价表见表5-1、表5-2。

表 5-1 学
习记录表

表 5-1 "汽车内部支架冲压工艺性分析"学习记录表

汽车内部支架零件图	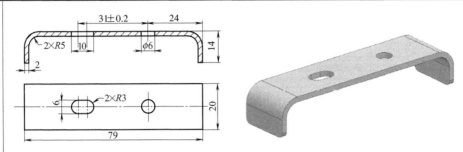		

汽车内部支架冲压工艺性分析

序号	项目		参数	冲压工艺性
1	结构	形状复杂程度		
2		总体尺寸大小		
3		形状是否对称		
4		最小圆角半径		
5		冲孔最小尺寸		
6		最小孔边距		
7		最小孔间距		
8	尺寸精度	(31±0.2)mm		
9		其余		
10	表面粗糙度			
11	材料			
12	料厚			

结论：

表 5-2 "汽车内部支架冲压工艺性分析"学习评价表

表 5-2 学习评价表

班级		姓名		学号		日期	

		评价内容				掌握情况	
自我评价	1	形状复杂程度分析				□是	□否
	2	总体尺寸大小分析				□是	□否
	3	形状对称性分析				□是	□否
	4	最小圆角半径分析				□是	□否
	5	冲孔最小尺寸分析				□是	□否
	6	最小孔边距分析				□是	□否
	7	最小孔间距分析				□是	□否
	8	尺寸精度				□是	□否
	9	表面粗糙度				□是	□否
	学习效果自评等级：□优　　　□良　　　□中　　　□合格　　　□不合格						
	总结与反思：						

		评价内容	完成情况				
小组合作学习评价	1	合作态度	□优	□良	□中	□合格	□不合格
	2	分工明确	□优	□良	□中	□合格	□不合格
	3	交互质量	□优	□良	□中	□合格	□不合格
	4	任务完成	□优	□良	□中	□合格	□不合格
	5	任务展示	□优	□良	□中	□合格	□不合格
	学习效果小组自评等级：□优　　　□良　　　□中　　　□合格　　　□不合格						
	小组综合评价：						

	学习效果教师评价等级：□优　　　□良　　　□中　　　□合格　　　□不合格						
教师评价	教师综合评价：						

任务 5.2　汽车内部支架排样设计

【任务描述】

根据汽车内部支架的结构特点、成形难点等，根据拟定的工艺方案，完成汽车内部支架的排样设计，如图5-2所示。包括：工序性质、工序数量、工序顺序、材料利用率、载体设计、工序件携带方式、送料步距、步距定位方式和条料宽度等。

【任务实施】

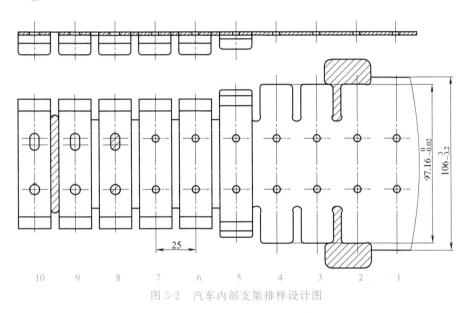

图 5-2　汽车内部支架排样设计图

汽车内部支架形状简单、对称，为保证生产效率和生产批量，采用带料连续冲裁、单排排样。

一、工序设计

汽车内部支架零件多工位级进模排样共设 10 个工位。第 1 工位冲两个导正销孔，第 2 工位为空工位，第 3 工位冲边缘废料，第 4 工位为空工位，第 5 工位支架边缘弯曲 45°，第 6 工位弯曲 90°，第 7 工位为空工位，第 8 工位同时冲两个孔，第 9 工位为空工位，第 10 工位冲切废料，使工件与条料分离。

第 1 工位冲工艺孔，用作导正销定距。为保证凸模和凹模有足够的安装空间，并保证凹模的强度，在排样设计中设置了 4 个空位，虽增加了模具的尺寸，但充分保证了各工位凸凹模零件的排布和模具的强度。

由于孔距（31±0.2）mm 尺寸精度要求较高，两个孔的冲制设置在同一工位，以保证孔距精度；最后第 10 工位冲去中间载体的废料，使制品与条料完全分离。

二、载体设计

采用中间载体的排样设计，载体强度高，保证工件质量和带料刚度。

三、工艺计算

1. 工件展开长度

经查表得中性层系数为 0.458，由此计算弯曲件的展开长度为：

$$L=(14-7)\times2+(79-4-10)+3.14\times(5+0.458\times2)=97.58 \text{（mm）}$$

因此，工件展开长度为 97.58mm。

2. 条料宽度

工件的展开长度为 97.58mm，考虑单边留 2～5mm 搭边值，因此条料宽度取值为 $106_{-0.2}^{\ 0}$ mm。

3. 送料步距

工件宽度为 20mm，在送料方向设置搭边值为 5mm，因此送料步距为 25mm。

4. 材料利用率

$$\eta=(97.58\times20-3.14\times9-3.14\times3-12)/(106\times25)\times100\%=71.8\%$$

因此计算材料利用率为 71.8%。

【知识链接】

一、级进模常用工序组合形式

级进模的常用工序组合形式见表 5-3，供设计时参考。

表 5-3　级进模冲压工序组合方式

工序组合方式	模具结构简图	工序组合方式	模具结构简图
冲孔和落料		冲孔、切断和弯曲	
冲孔和切断		冲孔、翻边和落料	
冲孔、弯曲和切断		冲孔、压印和落料	

工序组合方式	模具结构简图	工序组合方式	模具结构简图
连续拉深和落料	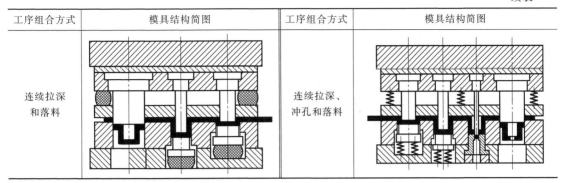	连续拉深、冲孔和落料	

二、级进模排样的内容与原则

在级进模设计中，要确定从带料毛坯到产品零件的成形过程，即要确定级进冲压工艺排样，在排样图中的不同工位上设计出加工工序内容或安排空工位等，这一设计过程就是带料的排样。带料排样的主要内容是要确定每一工位冲压断面形状，并将各工序冲压的内容进行优化组合、对工序内容进行排序，确定工位数和每一工位的加工内容，确定载体类型、毛坯定位方式；设计导正孔直径和导正销的数量；最终绘制出工序排样图。排样图是多工位级进模设计的关键，图 5-3 为排样过程示意图。

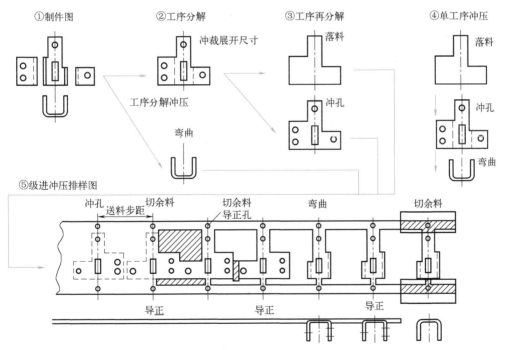

图 5-3 级进模排样过程

1. 级进模排样设计的内容

从图 5-3 中可以看到，排样图包含以下内容。

① 确定模具的工位数目、各工位加工的内容及各工位冲压工序顺序的安排。

② 确定被冲工件在条料上的排列方式。

③ 确定条料载体的形式。

④ 确定条料宽度和步距尺寸，从而确定了材料利用率。

⑤ 确定导料与定距方式、弹顶器的设置和导正销的安排。

⑥ 基本上确定了模具的结构。

排样图设计的质量，对模具设计的影响很大，属于总体设计的范畴。一般都要设计出多种方案加以分析、比较、综合与归纳，以确定一个经济、技术效果相对合理的方案。衡量排样设计的好坏主要是看其工序安排是否合理，能否保证冲件的质量并使冲压过程正常、稳定地进行，模具结构是否简单，制造、维修是否方便，能否得到较高的材料利用率，是否符合制造和使用单位的习惯和实际条件，等等。

2. 排样设计应遵循的原则

级进模的排样，除了遵守普通冲模的排样原则外，还应考虑如下几点：

① 可制作冲压件展开毛坯样板（3～5 个），在图面上反复试排，待初步方案确定后，在排样图的开始端安排冲孔、切口、切废料等分离工位，再向另一端依次安排成形工位，最后安排制件和载体分离。在安排工位时，要尽量避免冲小半孔，以防凸模受力不均而折断。

② 第一工位一般安排冲孔和冲工艺导正孔，第二工位设置导正销对条料导正，在以后的工位中，视其工位数和易发生蹿动的工位设置导正销，也可在以后的工位中每隔 2～3 个工位设置导正销。第三工位根据冲压条料的定位精度，可设置送料步距的误送检测装置。

③ 冲压件上孔的数量较多，且孔的位置太近时，可在不同工位上冲出孔，但孔不能因后续成形工序的影响而变形。对相对位置精度有较高要求的多孔，应考虑同步冲出。因模具强度的限制不能同步冲出时，后续冲孔应采取保证孔相对位置精度要求的措施。复杂的型孔可分解为若干简单型孔分步冲出。

④ 为提高凹模镶块、卸料板和固定板的强度，保证各成形零件安装位置不发生干涉，可在排样中设置空工位，空工位的数量根据模具结构的要求而定。

⑤ 成形方向的选择（向上或向下）要有利于模具的设计和制造，有利于送料的顺畅。若有不同于冲床滑块冲程方向的冲压成形动作，可采用斜滑块、杠杆和摆块等机构来转换成形方向。

⑥ 对弯曲和拉深成形件，每一工位的变形程度不宜过大，变形程度较大的冲压件可分几次成形。这样既有利于质量的保证，又有利于模具的调试修整。对精度要求较高的成形件，应设置整形工位。

⑦ 为避免 U 形弯曲件变形区材料的拉伸，应考虑先弯成 45°，再弯成 90°。

⑧ 在级进拉深排样中，可应用拉深前切口、切槽等技术，以便材料的流动。

⑨ 压筋一般安排在冲孔前，在凸包的中央有孔时，可先冲一小孔，压凸后再冲到要求的孔径，这样有利于材料的流动。

3. 排样图设计时应考虑的因素

根据多工位级进模排样图设计的原则，还应全面细致地考虑一些其他因素。

（1）企业的生产能力与生产批量

① 生产能力。生产能力指企业现有的自动化程度、工人技术水平及压力机的数量、型号、规格。压力机的规格包括公称压力、模具闭合高度、滑块行程高度、装模尺寸及冲压速度等。

② 生产批量。当生产能力与生产批量相适应时，采用单排排样较好。模具结构简单，

便于制造，模具刚性好，模具使用寿命也可延长。反之，生产批量较大时，可采用双排或多排排样，在模具上提高生产率，使模具制造也较为复杂。

（2）多工位级进模的送料方式

多工位级进模的送料方式主要有人工送料、自动送料和自动拉料三种。

① 人工送料。人工送料一般用于小批量生产，制件形状较简单、工位数较少的级进模，通常在普通压力机上冲压。因人工送料时，每一次送进的步距或多或少，因此在排样设计时，首先要考虑侧刃挡料或其他的挡料方式。其冲压动作是条料送进模具内部，首先冲切出带料的侧刃，再冲切导正销孔及其他的型孔，以后每次送进以接触到侧刃为基准。侧刃作为条料的粗定位，导正销为精定位。

② 自动送料。自动送料的种类较多，其功能及送料原理都是一样的，利用它将卷料进行自动送料，来实现自动化冲压。它可以在普通压力机上使用，但主要是用在高速压力机上。自动送料装置一般同压力机配套使用，但有部分也安装在模具上，其送料步距是可调的，但送料精度有限，因此需要侧刃及导正销配合使用，才能够提高模具的精确定位，使冲压出的制件符合使用要求。自动送料可分为模具外部送料和模具内部送料两种：

a. 模具外部送料装置。模具外部送料有滚动送料、气动送料、伺服送料、夹持送料等。模具外部送料装置主要用于带料比较平直且有较好的刚度的情况下。

b. 模具内部送料装置。对于比较小的企业，在压力机上没有配套的送料装置，而又想实现自动化冲压，可以在模具内部设置自动送料装置。

模具内部送料装置是一种结构简单、制造方便、造价低的自动送料装置，其特点是靠送料杆拉动工艺孔，实现自动送料，这种送料装置大部分使用在有搭边，且搭边具有一定强度的自动冲压中，在送料杆没有拉住搭边的工艺孔时，带料需靠手工送进。在多工位级进模冲压中，模具内部送料通常与导正销配合使用才能保证准确的送料步距，一般模具内部的送料装置由上模直接带动，安装在上模的斜楔带动下模滑块进行送料。

③ 自动拉料。自动拉料主要有滚动拉料、气动拉料及钩式拉料。滚动拉料一般安装在压力机上，与压力机配套使用。气动拉料和钩式拉料大部分直接安装在模具上。

自动拉料装置一般用于材料较薄的弯曲、拉深及成形的制件，带料在送进过程中经过各个工位冲压后，带料上的坯件由平面逐渐变成立体状，导致带料变形不平整。用自动送料装置难以稳定送进，因此选用自动拉料较为合理。例如：薄壁多工位连续拉深级进模，带料被首次拉深后，进入第2次拉深时，前后工序有一定的断差，导致带料上下起伏不平，如采用送料方式，带料经常送不到位，无法正常连续冲压；反之，选用自动拉料的方式，可以把模具内部的上下起伏不平的带料经过拉料钩直接把带料拉到下一工位上冲压。

选用气动拉料或钩式拉料时，其前提是带料的载体上必须有导正销孔或其他的工艺孔，使拉料器上的拉钩进入导正销孔或其他的工艺孔上实现自动拉料功能。

（3）制件形状

分析制件形状，抓住制件的主要特点，分析研究，找出工位之间关系，保证冲压过程顺利进行。特别对那些形状异常复杂，精度要求高，含有多种冲压工序的制件，应根据变形理论分析，合理分配到一个工位或多个工位上冲压，采取必要措施以保证冲压全过程能顺利地进行。

（4）冲裁力的平衡

① 力求压力中心与模具中心重合，其最大偏移量不超过模具长度的 1/6 或模具宽度的

1/6。

② 多工位级进模往往在冲压过程中产生侧向力,必须分析侧向力产生部位、大小和方向,采取一定措施,力求抵消侧向力,保持冲压的稳定性。

（5）模具结构

多工位级进模的结构尽量简单,制造工艺性好,便于装配、维修和刃磨。特别对高速冲压的多工位级进模应尽量减轻上模部分,如上模部分较重会导致冲压时的惯性大,当冲压发生故障时不能在第一时间内停止。通常高速冲压的小型多工位级进模的上模座采用铝合金制造来减轻上模部分。

（6）被加工材料

多工位级进模对被加工材料有严格要求。在设计条料排样图时,对材料的供料状态、被加工材料的物理力学性能、材料厚度、纤维方向及材料利用率等均要全面考虑。

① 材料供料状态。设计条料排样图时,应明确说明是成卷带料还是板料剪切成的条料供料。多工位级进模常用成卷带料供料,这样便于进行连续、自动、高速冲压。否则,自动送料、高速冲压难以实现。

② 加工材料的物理力学性能。设计条料排样图时,必须说明材料的牌号、料厚公差、料宽公差。被选材料既要能够充分满足冲压工艺要求,又要有适应连续高速冲压加工变形的物理力学性能。

③ 纤维方向。弯曲线应该与材料纤维方向垂直。但对于已成卷带料其纤维方向是固定的,因此在多工位级进模排样图设计时,由排样方位来解决。有时制件上要进行几个方向上的弯曲,可利用斜排使弯曲线与纤维方向成一 α 角,一般 $\alpha = 30°\sim60°$。如图 5-4 所示,图中 $\alpha = 45°$。

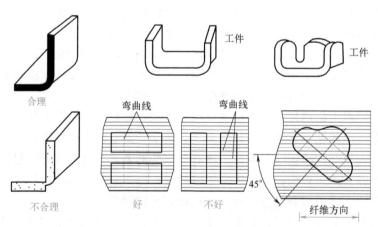

图 5-4 材料纤维方向与弯曲线之间的关系

当不便于斜排时,征得产品设计师同意,可适当加大弯曲制件的内圆半径。

④ 材料利用率。材料利用率的高低是直接影响制件成本的主要因素之一。通常多工位级进模材料利用率较低。提高材料利用率,也就降低了制件的成本,这对于生产批量较大的制件是非常重要的,所以在设计排样图时应尽量使废料达到最少。

在多工位级进模排样中采用双排、多排等可以提高材料利用率,但给模具设计、制造带来很大困难。对形状复杂的、贵重金属材料的冲压件,采用双排或多排排样还是经济的。如图 5-5 所示,排样方法不同,材料利用率便有高有低。四种排样中单排的材料利用率最低;

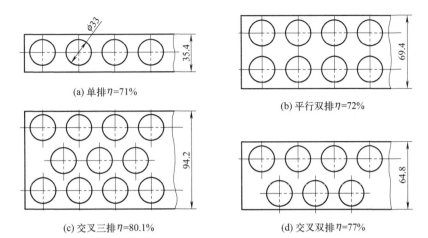

(a) 单排η=71%

(b) 平行双排η=72%

(c) 交叉三排η=80.1%

(d) 交叉双排η=77%

图 5-5　从排样方法看材料利用率

双排次之；多排材料利用率最高。

（7）制件的毛刺方向

制件经凸、凹模冲切后，其断面有毛刺。在设计多工位级进模条料排样图时，应注意毛刺的方向。原则是：

① 当制件图样提出毛刺方向要求时，无论排样图是双排还是多排，应保证多排冲出的制件毛刺方向一致，绝不允许一副模具冲出的制件毛刺方向有正有反。如图 5-6 所示，同是双排排样，但图 5-6（a）中的一个制件相对于另一个制件镜像排样的，结果使冲下的两个制件毛刺方向相反；图 5-6（b）中的一个制件相对于另一个制件在同一平面内旋转了 180°后排样，结果使冲下的两个制件毛刺方向相同。

(a) 两件毛刺方向相反

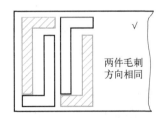

(b) 两件毛刺方向相同

图 5-6　双排排样的毛刺方向

② 带有弯曲工艺的制件，排样图设计时，应当使毛刺面在弯曲件的内侧，这样既使制件外形美观，又不会使弯曲部位出现边缘裂纹，对于弯曲质量有好处。

③ 在分段切除废料时，当最后一工位制件同载体分离时，要使制件所有部位的毛刺方向相同，那么必须采用冲切载体的方式，制件从侧面滑出；反之，采用冲切制件的方式，载体从侧面滑出，会导致制件与载体搭边处毛刺方向相反。

（8）正确设置侧刃位置与导正销孔

侧刃是用来保证送料步距的，所以侧刃一般设置在第一工位（特殊情况可在第二工位）。若仅以侧刃定距的多工位级进模，又是以剪切的条料供料时，应设计成双侧刃定距，即在第一工位设置一侧刃，在最后工位再设置一个，如图 5-7 所示。如果仅在第一工位设置一个侧刃，那么，每一条料的前后均剩下四个工位无法冲制，造成很大浪费。

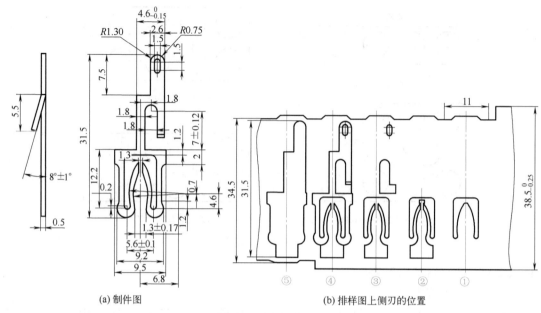

| (a) 制件图 | (b) 排样图上侧刃的位置 |

图 5-7 双侧刃的设置

导正销孔与导正销的位置设置，对多工位级进模的精确定位是非常重要的。多工位级进模由于采用自动送料，因此必须在排样图的第一工位就冲出导正销孔，第二工位以及以后工位，相隔2～4个工位在相应位置上设置导正销定位，在重要工位之前一定要设置导正销定位，为节省材料，提高材料利用率，多工位级进模中可借用被冲裁制件上的孔作为导正销孔，但不能用高精度孔，否则在连续冲压时因送料误差而损坏孔的精度，采用低精度孔作为导正销孔又不能起导正作用，因此，又必须将该孔的精度做适当提高。

对圆形拉深件的多工位级进模，一般不设导正，这是因为拉深凸模或在拉深凸模上的定位压料圈本身就对带料起定距导正作用。对拉深后再进行冲裁、弯曲等的制件，在拉深阶段不设导正，拉深后冲制导正销孔，冲制导正销孔后一工位才开始设导正。

（9）注意带料在送进过程中的阻碍

设计多工位级进模排样图时，应保证带料在送进过程中的畅通无阻，否则就无法实现自动冲压。影响带料送进的因素如下：

① 由于拉深、弯曲、成形等工序引起带料上下起伏不平，阻碍带料的送料。

② 多工位级进模一般采用浮动送料，带料在送进时，浮离下模平面一定的高度，有可能妨碍送进；若浮离机构设计不当而失灵，也会造成带料的送进阻碍。

③ 下模本身由于冲压工艺需要加工成高低不平的形状，引起阻滞。

（10）具有侧向冲压时，注意冲压的运动方向

多工位级进模经常出现侧向冲裁、侧向弯曲、侧向抽芯等。为了便于侧向冲压机构工作与整副模具和送料机构动作协调，一般应将侧向冲压机构放在条料送进方向的两侧，其运动方向应垂直于条料的送进方向。

（11）凸、凹模应有足够的强度

在多工位级进模中，制件的形状一般比较复杂，制件的局部位置对凸、凹模来说，可能是最薄弱的地方或者是难以加工之处。为提高凸、凹模的强度，同时也便于加工及后期维

护，将制件型孔设计在几个工位上分段冲压，排样要适应这种需要而变化。如图 5-8 所示，将一异形孔分段为三次冲成。这样每一次冲的异形孔都比较简单。若异形孔一次冲成，则尖角处很容易损坏。

图 5-9 的左右是两个不同凹模孔形的设计，按图 5-9 的左边部分设计，异形孔一次冲成，对于凸模和凹模来说，形状较为复杂，加工比较困难，如将该孔进行分解，分解后的孔形如图 5-9 的右边部分，即先冲异形孔的中间窄长孔，后冲异形孔的两头孔，使每个工位上的冲裁型孔变为简单，对提高凹模强度十分有利。还可以从图中阴影线部分看出，前工位的腰圆孔与后工位的孔是相互交叉延伸的，这样有利于提高分段冲孔的质量，也便于凹模的制造。

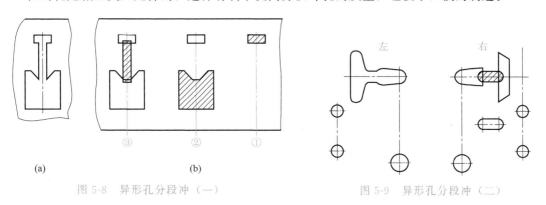

图 5-8　异形孔分段冲（一）　　　　图 5-9　异形孔分段冲（二）

当工位间步距较小时，前后工位均属于冲裁，影响凹模刃口间足够壁厚时（如料厚 $t<$ 1mm，壁厚$<$2mm），应考虑排样错开，加大刃口间壁厚。

三、排样的类型及方法

根据多工位级进模冲压工艺特点、工位间送进方式、排样有无搭边及冲切工艺废料方法等，可将多工位级进模冲裁件排样归纳为以下几种类型及排布方法。

1. 分切组合排样

各工位分别冲切冲裁件的一部分，工位与工位之间相对独立，互不相干，其相对位置由模具控制，最后组合成完整合格的冲裁件，如图 5-10 所示。

2. 拼切组合排样

冲裁件的内孔与外形，甚至是一个完整的任意形状冲裁件，都用几个工位分开冲切，最后拼合成完整的冲裁件，虽与分切组合类似，但却不尽相同。其各工位拼切组合，冲切刃口相互关联，接口部位要重合，增加了模具制造难度，如图 5-11 所示。

3. 裁沿边排样

用冲切沿边的方法，获取冲

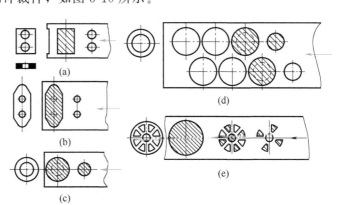

图 5-10　分切组合排样

裁件侧边的复杂外形，即裁沿边排样。当冲切沿边在送料方向上的长度 L 与步距 S 相等，即 $L=S$ 时，则可取代侧刃并承担对送进原材料切边定距的任务。通称这类侧边凸模为成形

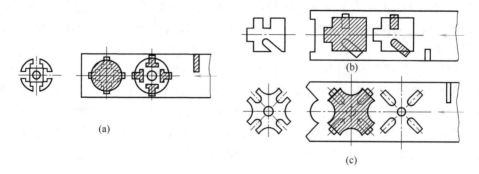

图 5-11 拼切组合排样

侧刃。由于标准侧刃品种少且尺寸规格有限,最大切边长度仅 40.2mm,当送料步距 $S >$ 40.2mm 时,便只能用非标准侧刃了。采用标准侧刃的另一个缺点是,要靠在原材料侧边切除一定宽度的材料,形成长度等于送料步距的切口,对送进原材料定位,增加了工艺废料,材料利用率 η 值下降 2%~3%。用侧边凸模裁沿边,既能完成冲裁件侧边外廓任意复杂外形的冲裁,又可实现对送进原材料步距限位,取代标准侧刃,一举多得,如图 5-12 所示。

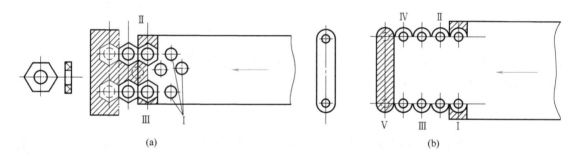

图 5-12 裁沿边排样

4. 裁搭边排样

对于细长的薄料冲裁件,与搭边连接的部位,有复杂形状外廓的长冲裁件,用裁搭边法冲裁,可避免细长冲裁件扭曲变形、卸件困难等问题。比较典型的冲压零件是仪表指针、手表秒针等,采用上述裁搭边排样,效果很好。为了制模方便,有时将搭边放大,便于落料,而作为搭边留在原材料上的冲裁件,最后才与载体冲切分离出来,如图 5-13 所示。

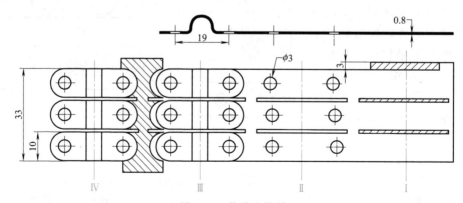

图 5-13 裁搭边排样

5. 套裁排样

用大尺寸冲裁件内孔的结构废料，在同一副多工位级进模的专设工位上冲制相同材料的更小尺寸的冲压制件，即套裁排样。一般情况下是先冲内孔中的小尺寸制件，大尺寸件往往在最后工位上落料冲出。由于上下工位无搭边套料，同轴度要求高，送料步距偏差小才能保证套裁制件尺寸与形状精度，如图 5-14 所示。

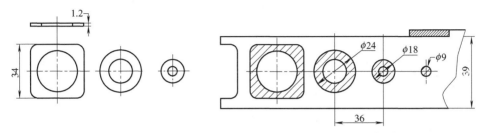

图 5-14　套裁排样

6. 混合排样

混合排样指在一条排样上同时安排冲出不同的多个制件，或在排样上安排冲主要制件的同时，利用其工艺废料或与沿边相连的结构废料冲出几种不同形状的制件。混合排样的制件必须具备同类型（包括产量也相同）、同材质、同料厚、同冲裁毛刺方向的条件。与套裁排样的区别在于，混合排样尽量利用工艺废料或多余的沿边与搭边，以及由于冲裁件复杂的外形，凸凹差异大而产生的外沿结构废料。排样时，充分利用冲裁件外形凸、凹部分，相互渗嵌拼合排布，使原材料得到充分利用，如图 5-15 所示。

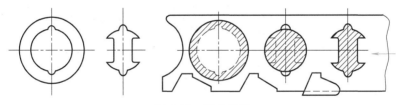

图 5-15　混合排样

7. 无搭边及无废料排样

由于绝大多数多工位级进模冲压的制件，都采用有沿边、有搭边排样，只能进行有废料冲裁。如果能进行无沿边、无搭边排样，同时冲裁件又无结构废料产生，便可进行无废料冲裁。真正使板材利用率达到或接近 100％ 的完全无废料冲裁的冲裁件较为罕见，但凡能进行无搭边排样的制件，都可进行少废料冲裁。图 5-16 所示为用多工位级进模冲制。

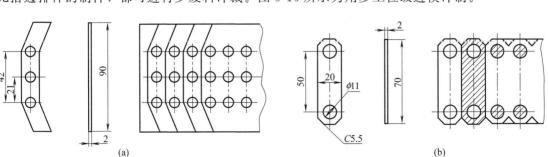

图 5-16　无搭边排样

四、载体设计

根据制件的形状、变形性质、材料厚度等情况，载体可分为下列几种基本类型。

1. 单侧载体

单侧载体指带料（条料）在送进过程中，带料（条料）的一侧外形被冲切掉，另一侧外形保持完整原形。导正销孔一般都设计在单侧载体上，冲压送料仅靠这一侧载体送进，如图 5-17 所示。

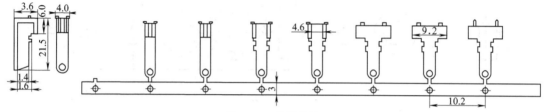

图 5-17　单侧载体

单侧载体常用于弯曲件在弯曲成形前，需要被前面工位冲去多余的废料，使制件的一端与载体断开。当制件外形细长时，为了增强载体强度，采取在两个工序件之间的适当位置上用一小部分材料连接起来，以增强带料（条料）的强度，称为桥接式载体，其连接两个工序件的部分称为桥。采用桥接式载体时，冲压进行到一定的工位或到最后一工位再将桥接部分冲切掉，如图 5-18 所示。

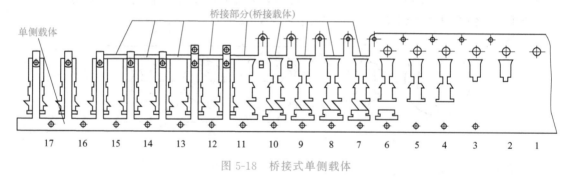

图 5-18　桥接式单侧载体

2. 双侧载体

双侧载体指带料（条料）在送进的进程中，在最后工位前，被制件与带料（条料）的两侧相连的那部分，也就是说，在带料（条料）两侧分别留出一定宽度用于运载工序件的材料。此种载体的外形保持得很完整，导正销定位孔常放置在两侧载体上，载体的强度和送料稳定性好，是最为理想的载体。此载体不足之处是材料的利用率较低。

双侧载体可分为等宽双侧载体和不等宽双侧载体。

① 等宽双侧载体。如图 5-19 所示，等宽双侧载体一般用于材料较薄，而步距定位精度和制件精度要求较高的多工位级进模冲压。在载体两侧的对称位置可冲出导正销孔，在模具相应的位置设导正销，以提高定位精度。

② 不等宽双侧载体。如图 5-20 所示，两侧载体有宽有窄，宽的一侧为主载体，导正销孔通常安排在此载体上，带料（条料）的送进主要靠主载体一侧，窄的一侧为副载体，这部分载体通常被冲切掉，目的是便于后面的侧向冲压或压弯成形加工，因此不等宽双侧载体在冲切副载体之前，应将主要的冲裁工序进行完，这样才能保证制件的加工精度。

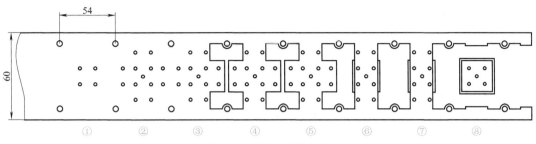

图 5-19 等宽双侧载体

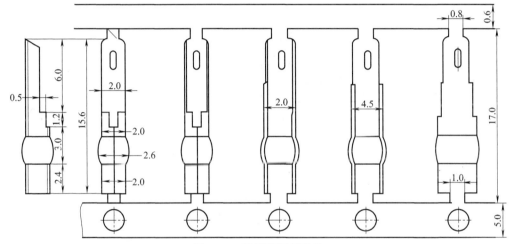

图 5-20 不等宽双侧载体

3. 边料载体

边料载体是利用带料（条料）搭边冲出导正销孔而形成的一种载体。如图 5-21 所示，

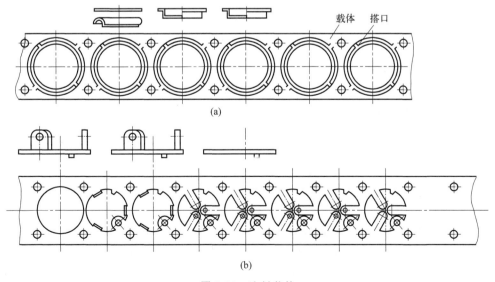

(a)

(b)

图 5-21 边料载体

落下的制件外形以圆形为主。这种载体实际上是利用带料（条料）排样上的边废料当载体，方法省料、简单、实用，应用较普遍。对于弯曲成形工位，一般在此前的工位，应先将展开料冲出，再进行拉深、成形，落料工位常以整体落下为主。

4. 中间载体

载体设计在带料（条料）的中间，称为中间载体。它具有单侧载体和双侧载体的优点，可节省大量的材料，提高材料利用率。中间载体适合对称性制件的冲压，尤其是两外侧有弯曲的制件，这样有利于抵消两侧压弯时产生的侧向力，如图 5-22 所示。对一些不对称单向弯曲的制件，以中间载体将制件排列在载体两侧，变不对称排样为对称排样，如图 5-23 所示。根据制件结构，中间载体可为单载体，也可为双载体。

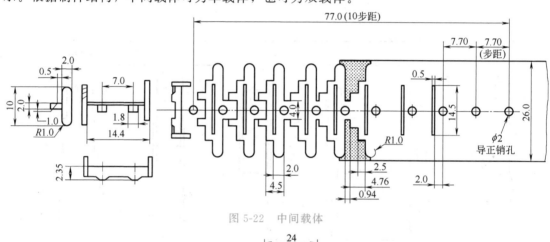

图 5-22　中间载体

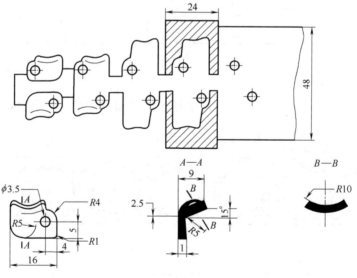

图 5-23　变不对称排样为对称排样

五、分段冲切废料设计

在排样中，当制件外缘或型孔较复杂或部分位置较薄弱时，为简化凸、凹模的几何形状，便于加工、维修，通常分成多次冲切余料。这些余料对排样来说就是废料，所以切除余料就是冲切废料。当采用分段冲切废料法时，应注意各段间的连接缝，要十分平直或圆滑，保证被冲制件的质量。由于多工位级进模的工位数多，若连接不好，就会形成错位、尖角、毛刺等缺陷，排样时应重视这种现象。

多工位级进模排样采用分段冲切废料的各段连接方式主要有搭接、平接和切接三种。

1. 搭接

如图 5-24 所示，若第一次冲出 A、C 两区，第二次冲出 B 区，图 5-24（b）所示的搭接区是冲裁 B 区凸模的延长部分，搭接区在实际冲裁时不起作用，主要是克服型孔间连接的各种误差，以使型孔连接良好，保证制件在分段冲切后连接整齐。搭接最有利于保证制件的连接质量，在分段冲切中大部分都采用这种连接方式。

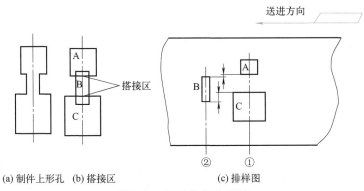

(a) 制件上形孔　(b) 搭接区　　　　　　(c) 排样图

图 5-24　型孔的搭接废料

2. 平接

平接是在制件的直边上先切去一段，然后在另一工位再切去余下的一段，经两次（或多次）冲切后，共线但不重叠，形成完整的平直边，如图 5-25 所示。平接方式易出现毛刺、错牙、不平直等质量问题，设计时应尽量避免使用，若需采用这种方式时，要提高模具步距精度和凸、凹模制造精度，并且在直线的第一次冲切和第二次冲切的两个工位必须设置导正销导正。二次冲切的凸模连接处延长部分修出微小的斜角（3°～5°），以防由种种误差的影响导致连接处出现明显的缺陷。

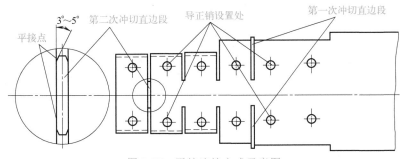

图 5-25　平接连接方式示意图

3. 切接

切接与平接相似，平接是指直线段，而切接是指制件的圆弧部分上或圆弧与圆弧相切的切点进行分段冲切废料的连接方式，即在前工位先冲切一部分圆弧段，在以后工位再冲切其余的圆弧部分，要求先后冲切的圆弧连接圆滑，如图 5-26 所示。

六、空工位设计

当带料（条料）每送到这个工位时不做任何加工（但有时会设导正销定位），随着带料

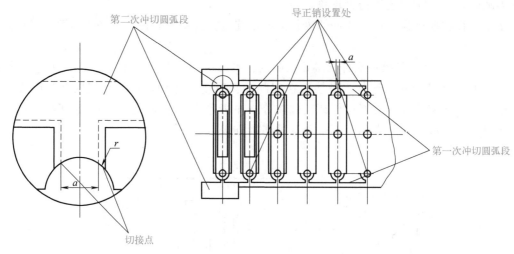

图 5-26 切接方式示意图

（条料）的送进，再进入下一工位，这样的工位称为空工位。在排样图中，增设空工位的目的是保证凹模、卸料板、凸模固定板有足够的强度，确保模具的使用寿命，或是便于模具设置特殊结构，或是做必要的储备工位，便于试模时调整工序用。如图 5-27 所示为端子接触片排样图，该制件外形较小，为增加凹模的强度，在工位②、工位③、工位⑥及工位⑦分别设置空工位。

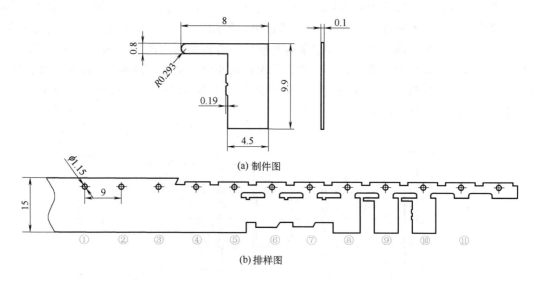

(a) 制件图

(b) 排样图

图 5-27 端子接触片排样图

在多工位级进模中，空工位虽为常见，但绝不能无原则地随意设置。由于空工位的设置，无疑会增大模具的尺寸。设置空工位不但增加模具的成本，而且使模具的累积误差增大。在排样中，带料（条料）采用导正销做精确定位时，因步距累积误差较小，对制件精度影响不大，可适当地多设置空工位，因为多个导正销同时对带料（条料）进行导正，对步距送进误差有相互抵消的可能。而单纯以侧刃定距的多工位级进模，其带料（条料）送进的误差随着工位数的增多而误差累积加大，不应轻易增设空工位。

"汽车内部支架排样设计"学习记录表和学习评价表见表 5-4、表 5-5。

表 5-4 "汽车内部支架排样设计"学习记录表

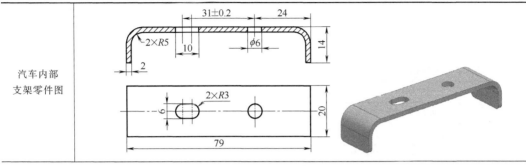

汽车内部支架零件图		

汽车内部支架排样设计

序号	项目	结论
1	工序设计(工序性质、工序数量、工序顺序、空工位数量等)	
2	载体设计	
3	工件展开尺寸	
4	条料宽度	
5	送料步距	
6	材料利用率	
7	绘制排样设计图	

汽车内部支架排样设计图：

表 5-5　"汽车内部支架排样设计"学习评价表

表 5-5 学习评价表

班级		姓名		学号		日期	
任务名称			汽车内部支架排样设计				

<table>
<tr><td rowspan="11">自我评价</td><td colspan="4">评价内容</td><td colspan="2">掌握情况</td></tr>
<tr><td>1</td><td colspan="3">工序设计(工序性质、工序数量、工序顺序、空工位数量等)</td><td>□是</td><td>□否</td></tr>
<tr><td>2</td><td colspan="3">载体设计</td><td>□是</td><td>□否</td></tr>
<tr><td>3</td><td colspan="3">工件展开尺寸</td><td>□是</td><td>□否</td></tr>
<tr><td>4</td><td colspan="3">条料宽度</td><td>□是</td><td>□否</td></tr>
<tr><td>5</td><td colspan="3">送料步距</td><td>□是</td><td>□否</td></tr>
<tr><td>6</td><td colspan="3">材料利用率</td><td>□是</td><td>□否</td></tr>
<tr><td>7</td><td colspan="3">绘制排样设计图</td><td>□是</td><td>□否</td></tr>
<tr><td colspan="6">学习效果自评等级：□优　　□良　　□中　　□合格　　□不合格</td></tr>
<tr><td colspan="6">总结与反思：</td></tr>
</table>

小组合作学习评价	评价内容		完成情况				
	1	合作态度	□优	□良	□中	□合格	□不合格
	2	分工明确	□优	□良	□中	□合格	□不合格
	3	交互质量	□优	□良	□中	□合格	□不合格
	4	任务完成	□优	□良	□中	□合格	□不合格
	5	任务展示	□优	□良	□中	□合格	□不合格
	学习效果小组自评等级：□优　　□良　　□中　　□合格　　□不合格						
	小组综合评价：						

教师评价	学习效果教师评价等级：□优　　□良　　□中　　□合格　　□不合格
	教师综合评价：

任务 5.3 汽车内部支架级进模结构设计

【任务描述】

根据汽车内部支架的零件结构和排样设计，根据拟定的冲压成形工艺方案，完成汽车内部支架的多工位级进模结构设计。

【任务实施】

汽车内部支架多工位级进模采用正装结构，选用四导柱标准模架。其结构如图5-28所

汽车内部
支架级
进模

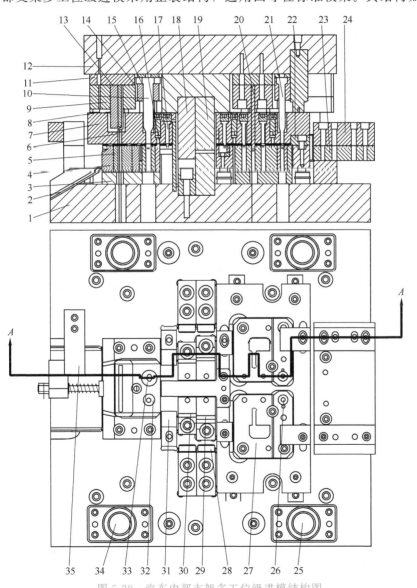

图 5-28 汽车内部支架多工位级进模结构图

1—下模座；2—滑板；3—下模垫板；4—凹模板；5,26,27,32,33—冲裁凹模；6—导正针；7—卸料板；8,10,20,21—冲裁凸模；9,14—凸模固定板；11,15—垫板；12—上模座；13—推杆；16—压料柱；17—导正销；18,19—弯曲凸模；22,31—导料块；23—承料板；24—导料板；25,34—导柱；28—挡块；29,30—弯曲凹模；35—误送料检测装置

示。上模装有各冲压工位凸模、凸模固定板、垫板、弯曲工位凸模等等，下模装有各工位凹模、凹模固定板、垫板、导料板，等等。

1. 导向装置设计

下模装有 4 对导柱，上模装有 4 对导套，确保合模精度，并装有 4 对限位柱限制上模下行的距离。

2. 定位装置设计

条料由导料板或导料块导料，导正条料位置。第 1 工位冲制 2 个导正销孔，在第 2～7 工位均安装了两个导正销，条料由 6 对导正销定距。在各冲裁工位的凸模中，均装有导正针，在冲裁之前精确导正条料，提高冲裁精度，保证冲压件质量。在送料末端安装了误送料检测装置，如果送料错误将会报警以切断电源，从而保护模具和压力机。

3. 卸料装置设计

各工位冲孔废料均由凹模孔经下模座漏下，条料由卸料板 7 卸料。上模装有弹簧，在冲压之前卸料板 7 先行压紧条料，冲压完成后，上模回程，由于弹簧的恢复将条料从上模卸料。

4. 工作零件设计

各工位凸模均安装在上模，通过凸模固定板固定在上模座；凹模以镶块的形式安装在凹模板上。

5. 压力机选择

选用 250T 冲床。

6. 模具工作过程

汽车内部支架多工位级进模的工作过程为：条料自右向左送料，沿着导料板和各工位导料块送进，上模下行，由卸料板先行压紧条料，在第 1 工位冲出两个导正销孔，条料向前送进时，由各工位的两个导正销插入已经冲好的孔中，导正条料，确定条料的准确位置；第 3 工位冲制支架边缘的废料；第 5 工位将支架边缘弯曲成 45°；第 6 工位继续弯曲成 90°；第 8 工位同时冲圆孔和异形孔；第 9 工位为空工位；第 10 工位冲切废料，使工件与条料分离。冲完的工件由左侧滑板滑下，各冲裁工位的废料由凹模孔经下模座漏下，条料由卸料板卸料。至此完成一次工作循环，上模回程，条料向前送进 25mm，上模下行开始下一个工作循环。

 【知识拓展】

一、内盖板多工位级进模设计

1. 内盖板冲压工艺性分析

图 5-29 所示为打印机上的齿轮内盖板零件。材料为 SECC 镀锌钢板，厚度为 1.6mm，生产批量大。由图 5-29（a）内盖板零件图和图 5-29（b）内盖板三维图可以看出，内盖板零件形状对称，需胀形、翻孔和多角度弯曲等多种复杂成形工序，尺寸精度要求较高。内盖板的主要技术要求有：零件表面应平整，无划痕；不允许有毛刺。内盖板零件的成形难点有：①$\phi 11$ 孔许可公差为 ± 0.02，须保证其尺寸精度；②内盖板零件上存在多处弯边，且角度和方向不同，需解决毛坯的定位问题；③内盖板零件的凸包需胀形完成，其尺寸精度不易保证。

综合考虑内盖板零件的成形难点和工艺要求，宜采用级进模多工位连续冲压以保证零件的精度要求和生产批量要求。对于精度要求较高的（$\phi 11 \pm 0.02$）mm 的孔，采取预冲翻边孔后翻孔成形的冲压工艺；为保证凸包和内盖板四周弯曲边的精度，在胀形和弯曲工序后增设整形工序；在模具中合理设置定位块，解决不同方向弯边的条料定位问题。

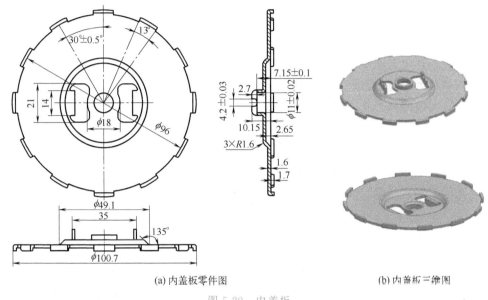

(a) 内盖板零件图   (b) 内盖板三维图

图 5-29　内盖板

2. 排样设计

内盖板零件为对称件，采用单排加两侧载体的排样设计方式，在两侧载体上设置导正销定距，以控制送料步距。图 5-30 所示为内盖板零件的排样设计图，带料宽度为 $62.5_{-0.2}^{0}$ mm，送料步距为 53mm，共设 9 个工位。

图 5-30　内盖板零件多工位连续冲压排样设计图

工位 1 冲两个导正销孔，并向下胀形压凸包；工位 2 对凸包进行整形，预冲翻边孔，并冲内盖板零件两侧的废料；工位 3 在凸包上冲制弯曲前的异形孔，冲制两内盖板之间的废料；工位 4 内孔翻边；工位 5 内盖板圆周及内部异形孔压毛边，去除毛刺；工位 6 内盖板内部的两条边向下折弯，并在废料与工件连接处打压线；工位 7 内盖板圆周向上折弯；工位 8 整形；工位 9 切断废料，出件。

3. 模具结构设计

内盖板多工位级进模采用正装结构，如图 5-31 所示。各工位凸模均安装在上模，凹模安装在下模。条料由导料板 31 和两行浮升导料销导料。各冲裁工位的废料均由下模落下，便于实现自动化生产。由安装在上模的导套和安装在下模的导柱 46 对模具的运动进行导向，保证模具的运动精度。下模装有限位柱 50，限制上模的运动行程。

由图 5-31 中主视图可以看出，各凸模均通过固定板安装于上模。上模装有 2 块卸料板 6 和 19，上模回程时，可将条料从各凸模上卸下，使其留在下模，便于送料以进行下一次冲压生产循环。在胀形工位 2 和内盖圆周弯曲工位 7，在凹模镶块下均安装了氮气弹簧，利用弹簧的压紧力减少回弹，保证工件尺寸和平整度。

由图 5-31 的下模俯视图可以看出，下模装有两块凹模板 33 和 43，各工位的凹模镶块均固定在凹模板上。工位 1 有两块冲导正销孔凹模镶块 32 和胀形凹模镶块 34；工位 2 有两块切废料凹模镶块 35 和预冲翻边孔凹模镶块 36，整形凹模刃口则是直接在凹模板 33 上加工的；工位 3 有两块冲异形孔凹模镶块 38 和 1 块冲两内盖板之间的中间废料凹模镶块 39；工位 4 有翻孔凹模镶块；工位 5 有压毛边凹模镶块；工位 6 有两块弯曲凹模镶块 42；工位 7 有弯曲凹模镶块 44、45；工位 8 的整形凹模刃口是直接在凹模板 43 上加工出来的；工位 9 有 4 块冲裁凹模镶块 48 和两块冲裁凹模镶块 47，并装有浮升块 49，冲压完成后将工件顶出凹模，由模具的工作表面最左侧的斜面落下。

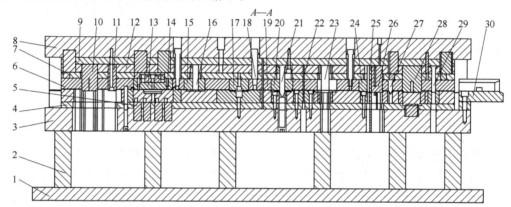

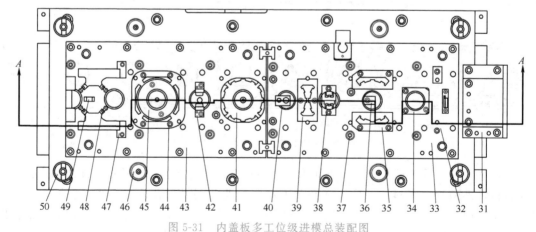

图 5-31　内盖板多工位级进模总装配图

1—下模固定板；2—模脚；3—下模座；4—下垫板；5—氮气弹簧；6,19—卸料板；7,9—上垫板；8—上模座；
10,11,22,26—切废料凸模；12—固定板；13—整形凸模；14—压料销；15—定位块；16,23—弯曲凸模；
17—压毛边凸模；18—螺钉；20—压料块；21—翻孔凸模；24—凸包整形凸模；25—预冲翻边孔凸模；27—导正销；
28—胀形凸模；29—冲导正销孔凸模；30—承料板；31—导料板；32—冲导正销孔凹模镶块；33,43—凹模板；
34—胀形凹模镶块；35—切废料凹模镶块；36—预冲翻边孔凹模镶块；37—浮升导料销；38—冲异形孔凹模镶块；
39—冲中间废料凹模镶块；40—翻孔凹模镶块；41—压毛边凹模镶块；42,44,45—弯曲凹模镶块；
46—导柱；47,48—冲裁凹模镶块；49—浮升块；50—限位柱

4. 模具工作过程

内盖板多工位级进模的工作过程为：条料自右向左送料，由两块导料板 31 导料，上模下行，首先在第 1 工位冲制两个导正销孔并进行胀形压制凸包，冲孔的废料直接由下模落下；工序完成后，上模回程，由卸料板 19 将条料从凸模卸下，将条料向前送进一个步距 53mm，由浮升导料销 37 和导料板 31 同时对条料进行导料，上模再次下行，由导正销 27 插入前面冲制的导正销孔中导正条料的准确位置，然后同时完成工位 1 和工位 2 的工序内容，然后开始下一个工作循环，依次完成所有工位的既定工序，直至最后一个工位切断废料出件。

二、打印机内部限位板多工位级进模设计

1. 冲压工艺性分析

图 5-32 所示为打印机内部的限位板零件，产品尺寸为 76.3mm×52.4mm×6.4mm，厚度为 1.2mm，材料为 SECC 镀锌钢板，年需求量超过 30 万件。由左图可以看出，限位板零件外形较为复杂，需去除多处废料，内部具有小孔和方形孔，且具有多处弯边，有三处高度较小的弯曲边。限位板零件的主要技术要求为：①零件表面应平整，无划伤；②毛刺高度不超过 0.05mm。

结合限位板零件的主要技术要求，分析其成形的工艺难点有：①零件外形比较复杂，为保证成形质量需有序分步去除废料；②零件上存在多处弯边，且存在重叠现象，工业设计时要考虑工序顺序和毛坯的准确定位；③存在 90° 的弯曲边，弯曲工序完成后，工件易包裹在弯曲模上，模具设计时需考虑保证工件的平整性，并且可靠卸料；④弯曲边不对称，易发生偏移；⑤须采取措施减小毛刺高度；⑥存在三处高度较小的弯曲边不易成形，难以保证成形质量。

由于打印机内部限位板零件形状较为复杂，精度要求较高，宜采用多工位级进模进行连续冲压生产，以保证限位板零件的形状和尺寸精度要求。多工位级进模生产效率较高，能保证打印机内部限位板零件年生产量达 30 万件以上，满足生产批量要求。

图 5-32　打印机限位板三维图

2. 排样设计

打印机内部限位板零件外形较为复杂，自身形状虽不是完全对称，但不存在引起较大偏载的弯曲边成形，因此可以采用两侧载体、单排排列的排样方式。两侧载体设计可以增加带料的刚度，保证成形质量；单排排样可以简化模具结构，降低生产成本。在两侧载体上设置导正销定距，保证级进模的送料步距。如图 5-33 所示为打印机内部限位板零件的排样设计图，共设冲孔、压线、弯曲、Z 曲成形、压毛边等 13 个工位。带料宽度为 90mm，送料步距为 55mm。

工位 1 压线，冲两个导正销孔，冲工件上弯边处异形孔；工位 2 压线，冲工件中间弯曲处中间的异形孔；工位 3，冲工件中间三条弯曲边处的异形孔；工位 4 弯曲，将三条弯曲边

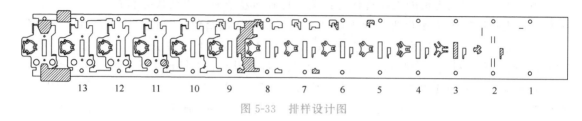

图 5-33 排样设计图

外角弯曲成 90°，内角弯曲成 45°V 字形；工位 5 将三条边弯曲成 90°，并冲废料切边；工位 6、7、8，依次冲废料切边；工位 9，Z 曲成形；工位 10，四边折弯成 90°；工位 11，冲两个圆孔，并压毛边；工位 12 为空工位；工位 13 切断出件。

工位 1、2 的压线是局部挤压材料，在带料背面后续弯曲的位置压出一条印线，以利于后续的弯曲工序成形，防止发生弯曲偏移，从而保证工件精度。按照先弯外角后弯内角的原则，工件上的三条定位边的弯曲成形分为两步，工位 4 将外角弯成 90°，内角弯成 45°，也称为"山折"或 V 形弯曲，如图 5-34 所示，工位 5 再将内角弯成 90°，从而减少回弹，保证尺寸精度。工件上的另外三处 Z 形弯曲，由于成形高度较小，因此需要采取一次 Z 曲成形。工位 11 的压毛边工序，可以减少弯曲回弹，去除毛刺。

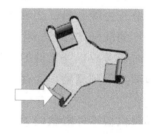

图 5-34 "山折"——弯曲成形

3. 模具结构设计

打印机内部限位板零件多工位级进模结构如图 5-35 所示。模具采用正装结构，四导柱模架。为提高多工位级进模的精度，在凸模固定板内安装了 8 个内导柱，凹模固定板内安装了 8 个内导套，形成 8 对模具内部的导向机构。模具运动时，内外导向机构同时导向，大大提高了导向精度。上下模座板上还设置了 4 对限位柱，限制上模运动行程，保护模具。

限位板多工位级进模采用导料销＋导正销的定位方式。安装于下模的浮升导料销对带料的送进方向进行导向，共设置了 15 对浮升导料销 46，如图 5-35 所示。上模的卸料板 6 上开设了相应的导料销让位孔，避免合模时发生干涉。在浮升导料销上开设了导料槽，如图 5-36 所示。带料送进的过程中，始终贴紧导料槽向前送进。采用导正销定距，共设置了 12 对导正销，各工位冲压之前将导正销先行插入导正销孔中，确定准确的送料步距，导正带料进行定位。此种定位方式的优点是结构简单，定位可靠，且浮升导料销和导正销等定位零件均具有互换性，安装更换和修配方便，能够降低生产成本。

各工位的凸模均安装于上模，凹模安装在下模。尺寸较小的凸模采用台阶式的固定方式，固定在凸模固定板上，如图 5-35 所示。尺寸较大的凸模则直接采用螺钉固定在凸模固定板 8 中，如切废料凸模 9、10。工位 3 和工位 8 的切废料凸模为组合式结构，先嵌入镶块

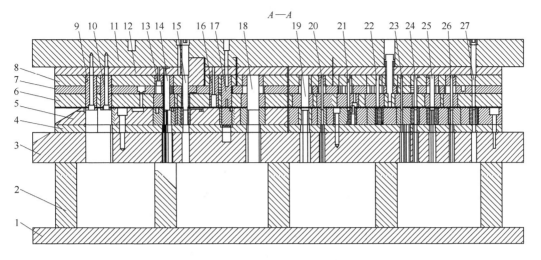

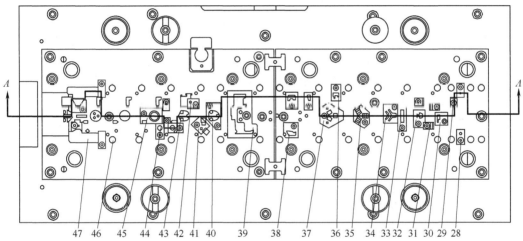

图 5-35　打印机内部限位板多工位级进模装配图

1—下模固定板；2—模脚；3—下模座；4,7,12—垫板；5—凹模固定板；6—卸料板；8—凸模固定板；

9,10,18,19,20,23,25,26—切废料凸模；11—上模座；13—凸模导块；14—压毛边凸模；15,24,27—冲孔凸模；

16,17,21,22—弯曲凸模；28～41,43～45,47—凹模镶块；42—弹顶销；46—浮升导料销

中进行固定，再通过螺钉将镶块固定于凸模固定板中。为保证冲压精度，在卸料板 6 内安装了多个凸模导块为凸模进行导向，同时还可以保护凸模，防止其发生弯曲变形。凸模 9、10、18 中还安装了冲裁导正针，导正针高出凸模工作表面 5.00mm，如图 5-37 所示。在冲切废料之前，由导正针先行在料带上冲出小孔，导正料带，导正针的定位精度可达0.015mm。各工位凹模均镶嵌在凹模固定板 5 中，并通过螺钉进行固定，便于模具修配，降低加工制造成本。

模具采用弹性卸料装置，上模座 11 中安装有弹簧，两块卸料板 6 通过卸料螺钉固定在上模座上，组成弹性卸料装置。冲压之前，卸料板与凹模固定板先行压紧料带，保证料带的平整性要求。冲压之后，卸料板将料带从各工位凸模上卸下。各冲裁工位的废料均通过其凹模孔落下，最后切断出件的成形零件由模具左侧的斜面落下。各弯曲工位的凹模镶块中安装了弹顶销 42，如图 5-35 所示。弯曲之前可以压紧带料，弯曲之后弹顶销将带料由下模顶出。弹性卸料装置卸料可靠，可以提高带料和工件的平整性。

图 5-36　浮升导料销

导料槽
导料销浮升体
导料销本体

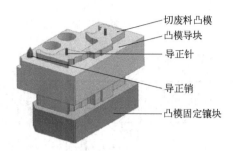

图 5-37　凸模与导正针

切废料凸模
凸模导块
导正针
导正销
凸模固定镶块

4. 模具工作过程

打印机内部限位板多工位级进模的工作过程为：宽度为 90mm 的带料由两排浮升导料销导向，自右向左送进。在内外导柱导套的导向作用下，上模下行，卸料板与凹模固定板压紧带料，在第一个工位冲制两个导正销孔和冲异形孔。冲孔的废料由下模的凹模孔内落下，带料随凸模上行的过程中被卸料板卸下，完成第一个工作行程。将带料向前送进一个送料步距 55mm，上模再次下行，由两个导正销先行插入前一工位冲制的导正销孔中，导正带料，然后凸模下行，在卸料板和凹模固定板压紧带料之后，同时完成第 1 工位和第 2 工位冲孔的工序内容，上模回程的过程中卸料板卸料，完成第二个工作行程。继续将带料向前送进 55mm，此时打印机内部限位板多工位级进模进入下一个工作循环。随着带料的向前送进，级进模依次完成所有工位上的工序内容，直到第 13 工位完成带料的切断出件，此后上模每次行程都冲制一件成品。

素养提升

冲压安全事故的原因分析及预防措施

冲压工艺因材料利用率高，操纵简便，制件尺寸稳定、精度较高等特点在机械加工行业中占有十分重要的地位。冲压件在汽车制造、电子、日用五金产品等行业中均有着广泛的应用。

然而，冲压作业工序简单、动作单一、速度快，加之企业安全防护措施不足、操作人员安全意识薄弱，极易发生冲压事故。因此，对于冲压设备安全防护，必须给予足够的重视。

一、冲压安全事故产生的原因

① 个人原因：很多操作工人安全意识薄弱，对冲压作业中的危险性认识不足，无法按照正确、安全的运行方法进行操作。对企业制定的安全操作的轻视、不理解或怠慢、不满等，加上一些身体原因，如带病上岗、睡眠不足、疲劳、酒后上岗等，极易发生安全事故。另外，连续重复的作业（送料、取料）过程，长时间操作使动作机械化且体力消耗极大。根据人机工程学、行为学、心理学等科学的研究，人在长时间从事快速、简单重复的作业时，极易产生机体疲劳、反应迟缓现象，导致注意力不能集中，动作失调，惨剧便在瞬间发生。

② 冲压模具的原因：部分厂家对模具的设计或制作不够成熟，对结构设计得不合理或模具没有按设计要求制作，从而造成模具在使用过程中因结构原因而引起倾斜、定位不准、破碎、废料飞溅、工件或废料回升；在调整模具、清除废料时，手指或手臂进入模内危险区域也容易造成安全事故。

③ 冲压设备的原因：目前，使用量较大的冲压设备为冲床，根据其结构可分为机械式冲床和气动离合器高性能冲床。在加装安全光幕（安全光栅、光电保护装置）后，就安全性来讲，机械式冲床因没有离合器和制动器，其安全性远远低于高性能冲床。当然，如果保养不当，高性能冲床的离合器、制动器也容易发生故障，从而出现离合器、制动器不够灵敏可靠，电气控制结构突然失控而发生连冲等现象。另外，采用无周边设备配套的冲床周边设备，也存在极大的安全隐患。

④ 安全管理的原因：企业管理者对安全生产不够重视，致使安全管理流于形式。如安全生产规章制度缺失，操作流程不严明，模具管理不善，设备管理不到位，组织生产不合理，现场管理混乱，工人未经培训上岗生产，安全要求、措施及管理责任划分不明，违章指挥，对安全生产不够重视等。

二、冲压安全事故预防措施

① 对操作人员进行安全培训，提高操作人员的素质和安全意识。通过完善制订严格的操作规程，加强岗位培训，提高操作人员素质，消除事故隐患。禁止未经培训和未通过培训考核的人员参与冲压作业；禁止冲压人员带病上岗、酒后上岗，合理安排生产，防止员工疲劳工作。

② 模具设计之初应充分考虑怎样尽量避免操作人员的手伸入危险区域。可通过使用机械化、自动化装置代替传统的送料—冲压—取料的纯手工作业模式，从而使操作者无须将身体部位伸入危险区域即可顺利完成冲压操作，已达到保证安全生产的目的。

③ 定期检查和维护冲压设备，消除潜在的安全隐患。增加如安全光幕（安全光栅、光电保护装置）等安全防护设备，可采用如各种类型钳子、真空吸取器、磁钢吸取器等安全防护措施避免安全事故的发生，确保人身安全。每班开机前，应检查冲床的润滑系统、制动装置、安全防护设备是否正常；检查轴瓦间隙和制动器松紧程度是否合适以及运转部位是否有杂物；在启动电动机后应观察飞轮的旋转方向是否与规定方向（箭头标注）一致；随时注意压力机的工作情况，发生异常时，应立即停止工作，切断电源，进行检查和处理。

④ 建立健全安全生产规章制度。严格执行冲压安全操作规程，抓好"安全生产责任制"的落实，做好职工的安全教育、培训，使操作工人、技术人员和生产管理人员牢固树立安全第一的思想，熟练掌握冲压设备、模具、防护装置的安全操作技术。

表 5-6 学
习记录表

【检测评价】

"汽车内部支架级进模结构设计"学习记录表和学习评价表见表 5-6、表 5-7。

表 5-6 "汽车内部支架级进模结构设计"学习记录表

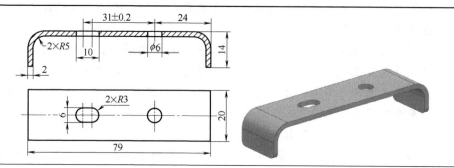

汽车内部
支架零件图

汽车内部支架级进模结构设计

序号	项目	结论
1	导向装置	
2	定位装置	
3	卸料装置	
4	工作零件	
5	压力机选择	
6	模具工作过程	
7	绘制多工位级进模结构图	

汽车内部多工位级进模结构图：

表 5-7 "汽车内部支架级进模结构设计"学习评价表

班级		姓名		学号		日期	

表 5-7 学习评价表

任务名称	汽车内部支架级进模结构设计						

自我评价	评价内容				掌握情况		
	1	导向装置			□是		□否
	2	定位装置			□是		□否
	3	卸料装置			□是		□否
	4	工作零件			□是		□否
	5	压力机选择			□是		□否
	6	模具工作过程			□是		□否
	7	绘制多工位级进模结构图			□是		□否
	学习效果自评等级:□优　　□良　　□中　　□合格　　□不合格						
	总结与反思:						

小组合作学习评价	评价内容	完成情况				
	1	合作态度	□优	□良	□中	□合格	□不合格
	2	分工明确	□优	□良	□中	□合格	□不合格
	3	交互质量	□优	□良	□中	□合格	□不合格
	4	任务完成	□优	□良	□中	□合格	□不合格
	5	任务展示	□优	□良	□中	□合格	□不合格
	学习效果小组自评等级:□优　　□良　　□中　　□合格　　□不合格						
	小组综合评价:						

教师评价	学习效果教师评价等级:□优　　□良　　□中　　□合格　　□不合格						
	教师综合评价:						

项目六

汽车盖板零件拉延模具数字化设计

 学习目标

【知识目标】

1. 了解有限元法的基本思想、发展及其应用；
2. 了解板料成形 CAE 技术发展现状及其基本理论；
3. 掌握 FASTAMP 软件在板料成形数值模拟中的分析流程；
4. 掌握金属零件拉延成形数值模拟过程中的工艺面设计、参数设置、成形优化等知识；
5. 掌握金属零件拉延模具逆向设计方法、参数设置等知识。

【能力目标】

1. 能够使用 UGNX 软件对零件进行拉延模具的工艺面设计；
2. 能够使用 FASTAMP 软件对零件进行展开料计算与冲压可行性分析；
3. 能够使用 FASTAMP 软件对零件进行 CAE 成形分析与成形优化；
4. 能够使用 UG 软件完成零件拉延工序的 3D 模具结构设计；
5. 能够独立编写拉延模具设计说明书。

【素质目标】

1. 具有深厚的爱国情感、国家认同感、中华民族自豪感；
2. 崇德向善、诚实守信、爱岗敬业，具有精益求精的工匠精神；
3. 尊重劳动、热爱劳动，具有较强的实践能力；
4. 具有质量意识、环保意识、安全意识、信息素养、创新精神；
5. 具有较强的团队合作精神，能够进行有效的人际沟通和协作。

项目六测试题及参考答案

项目六　汽车盖板零件拉延模具设计

任务6.1　汽车盖板零件CAE分析

1.利用毛坯尺寸向导获得产品展开线与快速成形性分析
- ❶定义展开区域
- ❷定义冲压方向
- ❸网格部分
- ❹定义材料
- ❺求解参数设置
- ❻求解计算
- ❼后处理结果显示

2.拉延工艺补充设计
- ❶初步确定料片尺寸
- ❷设计压料面
- ❸设计分模线

3.拉延成形CAE分析及FAW应用
- ❶模面准备
- ❷定义板料
- ❸工序管理器设置
- ❹后处理显示

4.拉延工艺补充优化设计
- ❶拉延筋设计
- ❷再次模拟

任务6.2　汽车盖板零件拉延模具CAD设计——冲压模具的智能设计
- ❶创建装配
- ❷调入工艺数模及模架和压机
- ❸计算行程
- ❹设计拉延模工作零件
- ❺创建定位器
- ❻布置压力源
- ❼创建导向
- ❽布置安全螺栓
- ❾设计完整的拉延模具结构

项目描述

导入项目：

　　某模具厂接到 Z 公司的订单，为图 6-1 所示的汽车盖板零件设计和制造一套拉延模具。为了在实际调试之前获得最佳设计方案，利用 FASTAMP 软件对板料成形进行分析模拟，优化模具设计方案，工作过程需符合 6S 规范。

图 6-1　汽车盖板零件

初步准
备工作

任务 6.1　汽车盖板零件 CAE 分析

【任务描述】

　　根据给定的汽车盖板零件模型完成冲压成形 CAE 分析，结果需符合项目技术要求。该产品材料为 DC04，料厚 1.2mm，冲压后最大允许材料减薄率为 25%，要求外观不允许出现开裂、起皱等缺陷。

【基本概念】

　　CAE 分析：通过产品逆向设计出模面，创建拉延模型，利用有限元方法，分析预判产品在成形中可能存在的起皱、破裂等缺陷，从而提高模具设计质量，缩短设计周期。

　　网格剖分：采用有限元分析方法，把整个所要求解的零件划分为有限的网格单元，通过分析单元的应力和变形，形成代数方程组，进而求解整体全域的应力应变状态。网格越小节点越多，结果越精确。

　　产品展开线：通过有限元方法，反向计算获得产品毛坯展开线。

【任务实施】

一、利用毛坯尺寸向导获得产品展开线与快速成形性分析

1. 定义展开区域

　　汽车盖板零件三维尺寸为 222.2mm×179.6mm×63.3mm，板料冲压前厚度为 1.2mm，采用单动拉延方式制成。抽取产品下表面（参考单动拉延的凸模），通过"插入→

关联复制→抽取几何特征→抽取产品下表面，毛坯尺寸向导→参考片体→选择抽取的面"操作步骤，毛坯尺寸向导界面如图 6-2 所示，经抽取的面如图 6-3 所示。抽取后的面可复制至某一图层，作为副本方便后续使用。

图 6-2　毛坯尺寸向导

图 6-3　汽车盖板零件模型抽取面

2. 定义冲压方向

汽车盖板零件由于采用单动拉延的工艺，冲压方向选择−ZC 轴方向。

3. 网格剖分

在分析模型中，选择"零件→网格→曲面网格"，对产品进行网格剖分，如图 6-4 所示对话框，对参数进行相应调整设置，单击"确定"按钮进行网格剖分。网格剖分完成后系统会弹出信息提示框如图 6-5 所示，提示用户剖分后的单元数量和节点数量，并询问是否接受剖分结果，接受单击"Yes"。完成网格剖分，模型以网格形式显示如图 6-6 所示。

图 6-4　网格参数设置对话框

图 6-5　网格剖分信息提示框

图 6-6　剖分结果的网格显示

4. 定义材料

如图 6-7 所示，单击"材料库"按钮，进入材料参数设置对话框，在主对话框中材料牌号选择 DC04，"厚度"项中填入 1.2mm。

5. 求解参数设置

前面所获得的网格为产品下表面剖分而成，为了得到材料中性层的网格，需对已获得的网格进行偏置，因为选取的是产品下表面，所以偏置方向应朝向当前网格的外侧，单击"网格偏置"按钮，弹出图 6-8 所示"网格偏置"对话框，调整偏置方向，偏置距离可以通过计算获得。单击"偏置"得到中性层的网格曲面，偏置结果如图 6-9 所示。

图 6-7 材料参数和厚度的定义

图 6-8 网格偏置设置

产品展开
线计算与
快速成型
性分析

6. 求解计算

在图 6-2 主对话框下方"求解计算"类别中下拉框选择"普通逆算法"后，单击按钮 进行求解计算，通过计算生成产品的展开线，如图 6-10 所示。

图 6-9 网格偏置结果

图 6-10 生成产品展开线

7. 后处理结果显示

求解结束后，系统自动启动后处理模块，并读入对应的计算结果文件。后处理模块可以查看及分析各类物理量信息（应力、应变、厚度、成形性等），实现快速评估零件成形可行性。如图 6-11 所示，从厚度分布上看，结算结果符合技术要求，因此可进行后续更为精确的模拟分析。

二、拉延工艺补充设计

1. 初步确定料片尺寸

前面已经得到了产品展开线，根据行业经验值，展开线的边缘距离拉延前料片边缘

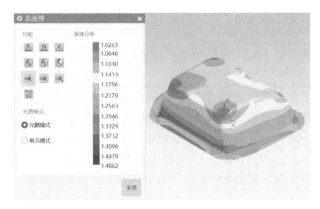

图 6-11　后处理结果显示

5mm 左右，该零件的料片较为合理的尺寸为 295mm×285mm。料片轮廓线通过草图命令画出，具体操作：插入→草图→选取 *XC-YC* 平面→矩形方法（从中心）画出板料轮廓并标注尺寸。结果如图 6-12 所示。

2. 设计压料面

压料面通常为简单平面，也可以为平滑光顺的曲面。通过"插入→修剪→延伸片体（延伸 150mm）→选择产品边界线"的操作，得到压料面如图 6-13 所示。

图 6-12　料片轮廓线

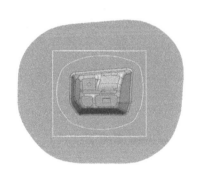

图 6-13　压料面

拉延工艺补充面设计

3. 设计分模线

汽车盖板零件选取压料面与产品高度方向立面的交线作为分模线。首先，通过"插入→关联复制→抽取几何特征"获得产品顶部与立面部分，如图 6-14（a）所示。然后，通过"插入→延伸片体"将立面部分延伸 20mm，如图 6-14（b）所示。最后，通过"插入→派生曲线→相交"获得产品立面与 *XC-YC* 平面（或压料面）的交线，然后光顺曲线串并连接。设置时注意将输入曲线删除。得到的分模线如图 6-15 所示。

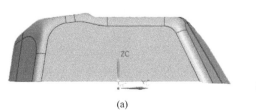

(a)

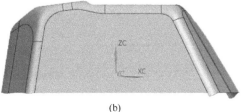

(b)

图 6-14　获得分模线准备工作

三、拉延成形 CAE 分析及 FAW 应用

汽车盖板零件拉延成形 FAW 的操作流程如下。

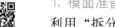

1. 模面准备

利用"拆分体"命令，将拉延模型拆分为两部分，如图 6-16 所示，以分模线为界，分模线以内为"冲头"部分，分模线以外为"压边圈"部分。

2. 定义板料

单击成形分析向导（FAW），定义板料相关参数，其中，保持冲压方向为−ZC，板料线选取之前画好的板料轮廓，板料为 DC04，板料厚度 1.2mm，如图 6-17 所示。

3. 工序管理器设置

单击"工序管理器"，得到图 6-18 所示对话框，在"工序类型"中选择第三项"拉延工序" ，此时工序列表中出现 OP10 工序，单击"工序列表"右侧"编辑" 选项，进入拉延工序设置的设置页面，如图 6-19 所示。在"压机类型"中选择"单动压机"，"偏置面参

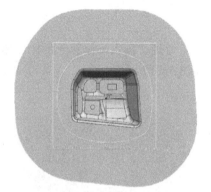

图 6-15　分模线

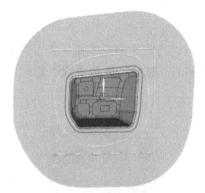

图 6-16　拉延模面

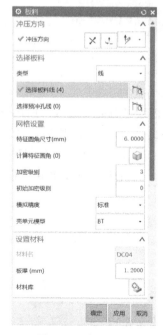

图 6-17　定义板料

图 6-18　工序管理器设置

图 6-19　拉延工序设置

考于"选择"冲头"（因为最初抽取的是产品内表面）。

在"模具设置"中分别针对凹模、冲头（凸模）、压边圈设置选择体、行程、摩擦系数等参数。如前面图 6-16 中，在已经设计好的拉延模面中，分模线以内为"冲头"部分，分模线以外为"压边圈"部分，将整体选为凹模参考区域。凹模和压边圈的行程建议分别为 200mm 和 100mm，其余参数保持默认值即可。

图 6-20　拉延工序模型

设置完成后，关闭"工序管理器"页面，即可得到拉延工序模型，如图 6-20 所示。最后，提交求解，等待计算完成。

4. 后处理显示

求解完成后，点击成形分析向导的后处理命令，将求解的文件 *.FAS 在 FAW-POST 中打开，即可以显示拉延成形的多项模拟结果，如减薄率、FLD（成形极限图）、主应力、滑移线、成形动画等，图 6-21 所示即为厚度和 FLD，通过图示可知零件最大材料减薄率低于 25%，符合项目技术要求，但零件边缘位置有起皱或起皱趋势，还有进一步优化的空间，因此接下来，需对拉延工艺进行优化设计。

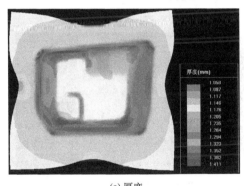
(a) 厚度

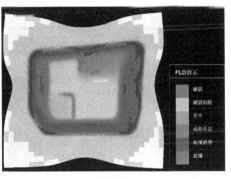
(b) FLD

拉延工艺
补充优化
化设计

图 6-21　拉延成形模拟后处理结果

四、拉延工艺补充优化设计

1. 拉延筋设计

从图 6-21 中 FLD 来看，零件在拉延成形后，中心位置有少部分成形不充分，且四周出现了起皱或者有起皱趋势，模拟结果不够理想，还需进行改善优化。要解决起皱问题，可以更改相关工艺参数等（如压边力、摩擦系数等）。若模拟结果还是不能满足要求，可考虑对产品进行设计更改来保证成形性，如增加拉延筋。拉延筋分为实体拉延筋和虚拟拉延筋两种，仅做仿真分析的话，可以考虑虚拟拉延筋，实际生产的话，就要考虑实体拉延筋。汽车盖板零件通过增加实体拉延筋优化成形。

（1）生成拉延筋的中心线

通过"插入→派生曲线→偏置→选取产品边界线（也是修边线）"，向外偏置 15mm，将偏置的曲线作为拉延筋的中心线。

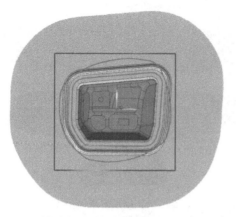

图 6-22　增加拉延筋后的模型

（2）生成拉延筋的实体

通过"插入→扫掠→管道"，生成实体管道，其中外径为 12mm；将管道向＋Z 方向移动 3mm，对管道进行面抽取、修剪、倒圆角处理，最终得到拉延筋实体。经优化后的模面如图 6-22 所示。

2. 再次模拟

根据优化后的数模，依照前述方法，利用 FAW 模块重新模拟一遍，两种方案结果对比如图 6-23 所示。显然，较未优化的模面，成形问题均已得到解决。

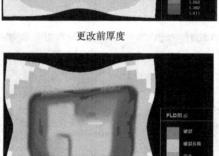

更改前厚度

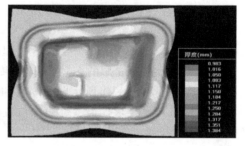

优化后厚度

更改前FLD

优化后FLD

图 6-23　增加拉延筋后的结果对比

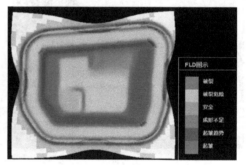

【知识链接】

一、毛坯尺寸向导 BEW（Blank Estimation Wizard）模块相关知识

BEW 模块的主要功能有两个：一是快速评估零件成形可行性；二是快速将零件进行展开，得到初始板料展开线。典型的应用过程可以分为 8 个步骤：定义展开区域→定义冲压方向→网格剖分→定义材料→定义边界约束→求解参数设置（如计算方法、是否自动偏置中性层等）→提交计算→后处理结果显示。

同多数板料成形仿真软件类似，FASTAMP 只能对没有厚度的面进行分析，不能直接分析零件体。金属板料靠近凹模的一侧受拉伸长，靠近凸模一侧受压缩短，在拉伸与压缩之间存在一个既不伸长也不缩短的中间层，称为应变中性层。BEW 所分析的几何模型最好是板料的中性层曲面，一般情况下，抽取产品的上表面或下表面，再通过有限元网格偏置的方法得到中性层曲面。

二、拉延工艺补充设计相关知识

为了保证冲压件能顺利拉延成形，在产品本体以外增加的一部分材料被称为工艺补充部分。由于工艺补充部分是零件成形需要而不是零件本身需要，所以会在拉延成形后的修边工序中将其切除掉，成为工艺废料。补充部分的设计是拉延工艺设计的重要内容，其设计不仅会影响到拉延成形，对后续的修边、翻边、整形等工序的设计也有影响。工艺补充部分分为两大类：一类是内工艺补充，即填补零件内部的空洞；另一类是外工艺补充，即在零件的轮廓边缘（包括翻边的展开部分）添加上去的部分材料，包括拉延部分补充和压料面两部分。

1. 确定冲压方向

拉延方向设计就是选择拉深工序件在模具设计中的坐标位置。拉延方向的正确选择至关重要，后续的修边条件、滑移线等都与冲压方向紧密相关。

冲压方向选择的几个基本原则：

① 冲压方向不能存在负角；

② 尽量保证拉延深度均匀；

③ 保证在此冲压方向下，压料面尽量平缓；

④ 凸模在接触材料时，尽量保证大的接触面积，且同时触料；

⑤ 如果有反拉延平面，尽量让冲压方向与其垂直。

在设计冲压方向前，首先要考虑基准点，基准点一般综合考虑产品的重心和几何中心。

2. 压料面设计原则

压料面设计原则：简单平面最好，也可以为平滑光顺的曲面。

三、成形分析向导 FAW（Forming Analysis Wizard）模块相关知识

1. FAW 应用过程

典型的应用过程可以分为 6 个步骤：定义板料（包括冲压方向、板料轮廓、材料与料厚等）→工序管理器→工艺优化→拉延筋优化→提交计算→后处理结果显示。

2. 等效拉延筋与实体拉延筋

在模面准备环节中如果采用等效拉延筋模型的话，模型中须做出拉延筋中心线。如果是用实体筋模拟就要做出实际拉延筋曲面，二者对仿真结果的影响并无不同。

3. 后处理模块

后处理模块（FAW-Post）用于显示、查询模拟结果，包括成形极限图、板料的成形过程、应力应变的分布等，能直观地观察各种成形结果，如破裂、回弹等。

【检测评价】

"汽车盖板零件 CAE 分析"学习记录表和学习评价表见表 6-1、表 6-2。

表 6-1 "汽车盖板零件 CAE 分析"学习记录表

汽车盖板零件图	

汽车盖板零件 CAE 分析		
序号	项目	完成情况
1	产品展开线获得与快速成形分析	
2	拉延工艺补充设计	
3	分模线设计	
4	拉延成形 CAE 分析及 FAW 应用	
5	实体拉延筋设计	

结论:

表 6-2 "汽车盖板零件 CAE 分析"学习评价表

表 6-2 学习评价表

班级		姓名		学号		日期	
任务名称			汽车盖板零件 CAE 分析				

<table>
<tr><td rowspan="8">自我评价</td><td colspan="2">评价内容</td><td colspan="2">掌握情况</td></tr>
<tr><td>1</td><td>产品展开线获得与快速成形分析</td><td>□是</td><td>□否</td></tr>
<tr><td>2</td><td>拉延工艺补充设计</td><td>□是</td><td>□否</td></tr>
<tr><td>3</td><td>分模线设计</td><td>□是</td><td>□否</td></tr>
<tr><td>4</td><td>拉延成形 CAE 分析及 FAW 应用</td><td>□是</td><td>□否</td></tr>
<tr><td>5</td><td>实体拉延筋设计</td><td>□是</td><td>□否</td></tr>
<tr><td colspan="4">学习效果自评等级：□优　　□良　　□中　　□合格　　□不合格</td></tr>
<tr><td colspan="4">总结与反思：</td></tr>
</table>

<table>
<tr><td rowspan="9">小组合作
学习评价</td><td colspan="2">评价内容</td><td colspan="5">完成情况</td></tr>
<tr><td>1</td><td>合作态度</td><td>□优</td><td>□良</td><td>□中</td><td>□合格</td><td>□不合格</td></tr>
<tr><td>2</td><td>分工明确</td><td>□优</td><td>□良</td><td>□中</td><td>□合格</td><td>□不合格</td></tr>
<tr><td>3</td><td>交互质量</td><td>□优</td><td>□良</td><td>□中</td><td>□合格</td><td>□不合格</td></tr>
<tr><td>4</td><td>任务完成</td><td>□优</td><td>□良</td><td>□中</td><td>□合格</td><td>□不合格</td></tr>
<tr><td>5</td><td>任务展示</td><td>□优</td><td>□良</td><td>□中</td><td>□合格</td><td>□不合格</td></tr>
<tr><td colspan="7">学习效果小组自评等级：□优　　□良　　□中　　□合格　　□不合格</td></tr>
<tr><td colspan="7">小组综合评价：</td></tr>
</table>

<table>
<tr><td rowspan="2">教师评价</td><td>学习效果教师评价等级：□优　　□良　　□中　　□合格　　□不合格</td></tr>
<tr><td>教师综合评价：</td></tr>
</table>

任务 6.2 汽车盖板零件拉延模具 CAD 设计

【任务描述】

根据前期任务设计完成的汽车盖板零件模型，完成拉延模具的设计，要求设计的模具包括拉延模具的基本机构，主要有压力机、模架、工作零件、定位零件、连接零件等，且设计的模具结构应规范合理。

【基本概念】

拉延模具数字化设计：利用基于 NX 系统的冲压模具智能设计系统 SIS2.0，根据设计好的拉延模面，逆向设计出拉延模具的各个结构零件。

工作零件：对于单动拉延模具来说，工作零件为凹模、凸模、压边圈。

【任务实施】

拉延模结构设计主要有 9 个步骤：创建装配、调入工艺数模及模架和压机、计算行程、设计拉延模工作零件、创建定位器、布置压力源、创建向导、布置安全螺栓、设计完整的拉延模具结构等，如图 6-24 所示。

冲压模具智能设计系统 SIS 2.0 功能与操作

图 6-24 拉延模具设计模块

1. 创建装配

打开"创建装配"命令，输入模具名称，设置工程路径，系统会在界面左侧装配导航器，生成名为 OP10-DR-ASS 的装配文件夹，如图 6-25 所示。

图 6-25 创建装配

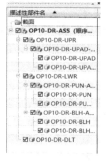

图 6-26 调入工艺数模

2. 调入工艺数模及模架和压机

如图 6-26 所示，单击"调入工艺数模、模架、压机"命令，选取"选择工艺数模"按钮，选择设计好的拉延模型文件（即图 6-22 所示模面），然后选择"装载"按钮，此时拉延工艺数模被载入。

模架是系统自带的标准结构，参数可调，如闭合高度、模架长度、宽度等，系统将自动创建到相应树节点下。如图 6-27 所示，单击"调入模架"按钮，展开模架内容，点开模架类型，弹出对角导柱模架、四导柱模架、中间导柱模架 3 种模架类型可供选择。汽车盖板零件选择中间导柱模架，设置模架参数如图 6-27 左图所示，然后单击"标准模架装载/更新…"，将符合参数设定的模架装配进来。

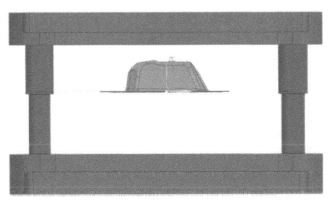

图 6-27　调入模架

压机是系统自带的标准结构，选择好后系统自动将其装配到相应树节点下。汽车盖板零件压机选择结果如图 6-28 所示，单击"压机装载/更新…"按钮，将符合参数设定的压机装配进来。

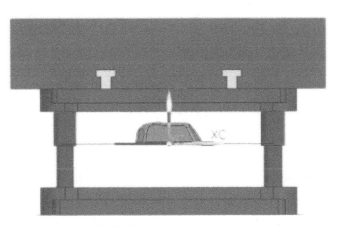

图 6-28　调入压机

3. 计算行程

计算行程，即计算拉延模压边圈的行程，指凹模圆角最低点和拉延件最高点的距离 S，其中 $ST = S + (5 \sim 10)$，且 ST 是 5 的倍数。

打开"计算行程"命令，分别选择凹模圆角最低点和拉延件最高点工艺数模所对应的位置，系统自动填入压边圈行程项，汽车盖板零件压边圈行程是65mm，如图6-29所示。

4. 设计拉延模工作零件

工作零件即凸模、凹模和压边圈。首先，在结构选择里，将五个部分在装配图上依次选上，拉延模具中的凸模、凹模和压边圈结构均为参数化设计，采用如图6-30所示默认参数即可。单击创建，系统自动生成凸模、凹模和压边圈如图6-31所示。为了方便显示工作零件内部结构，可将凹模和压边圈更改一定的透明度，如图6-32所示。

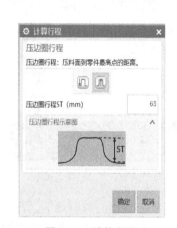

图6-29 计算行程

图6-30 设计工作零件对话框

图6-31 生成工作零件

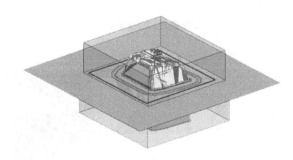

图6-32 编辑工作零件

5. 创建定位器

定位器能够防止板料在压料和成形过程中发生偏移蹿动，起到定位作用。根据毛坯位置的精度要求大小，定位器一般分为两类：固定式和活动式。当对板料位置精度要求不高时采用固定式定位器，对板料位置精度要求高时采用活动式定位器，活动式定位器能根据板料的大小进行位置调整。定位点一般选择在板料比较平坦的部位，一般为2～8个。汽车盖板模具创建4颗直径为 $D12 \times L25$ 的板料定位销钉，如图6-33所示。

6. 布置压力源

压边力是压边圈和凹模之间的相互作用力，主要用来增加板料中的拉应力，控制材料的流动，避免起皱。单动拉延模具压边圈动力源为弹簧。压边力大小应合理，当压边力过小时，无法有效控制材料流动，材料容易起皱；压边力过大时，虽然可以避免起皱，但是材料减薄和破裂的趋势明显增加，同时模具和板料表面受损加剧，从而影响模具寿命和板料成形质量。

7. 创建导向

导向装置不仅对模具的精度、零件的精度、模具的寿命都有很大的影响，而且能够承受一定程度的侧向力。导向类型采用对边 I 型导向结构，保证压边圈上下运动平稳性。在结构选择下，选择安装面和安装位置，系统自动装配导向块，如图 6-34 所示。

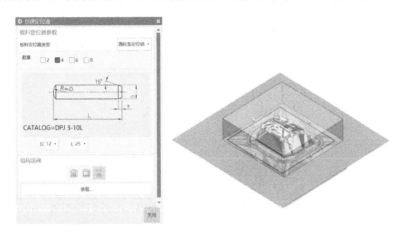

图 6-33　创建定位销钉

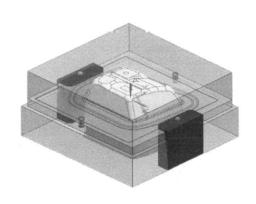

图 6-34　导向设计

8. 布置安全螺栓

安全螺栓可以防止压边圈被弹簧顶出行程之外，起到限制压边圈运动的作用。系统默认为压边圈上对称布置四个安全螺栓，尺寸为 $D12 \times L120$。安全螺栓设计如图 6-35 所示。

9. 设计完整的拉延模具结构

除上述主要的结构零件外，拉延模具上还有模柄、吊钩、销钉、到底标记、平衡块等零件。通过设计，盖板零件的工作部件如图 6-36 所示，可将装配文件导出为一个工作部件，在 UG 建模环境中，经一系列修改，最终的拉延模具如图 6-37 所示。

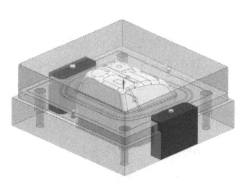

图 6-35　安全螺栓设计

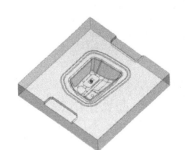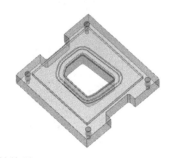

图 6-36　盖板零件拉延模具工作零件结构图

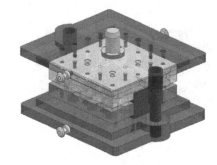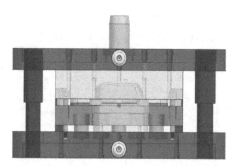

图 6-37　盖板零件拉延模具结构图

【知识链接】

一、单动拉延模具结构

凹模由上模座带动向下运动，直到凹模下表面与压边圈上表面贴合；压边圈在凹模的带动下，推动顶杆向下运动并开始成形板料；抵达压机下死点，压边圈运动到下死点，顶杆被压至最低点，零件成形完毕；凹模在上模座的带动下向上运动，压边圈在顶杆的推动下向上运动；顶杆到达最大顶出高度，压机到达上死点，成形后的零件被推出凸模。拉延模结构示

模具结
构修改
与完善

意图如图 6-38 所示。

二、单动拉延模具受力状态

图 6-39 所示为单动拉延模具受力状态：在压机推力 Q 与顶杆（或弹簧）力 F 的作用下，毛坯产生变形。其中 Q 主导变形所需的拉深力，F 主导压边所需的压边力。在压料面部分产生拉压变形，使板料向直壁部分流动，属于变形区；在直壁部分产生拉伸变形，属于传力区；底部发生胀形变形，成形出所需要的形状。

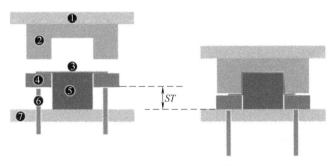
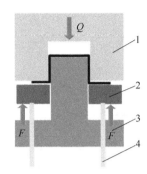

图 6-38　单动拉延模具结构图

1—上模座；2—凹模；3—板料；4—压边圈；5—凸模；

6—气垫顶杆；7—下模库；ST—压边圈行程

图 6-39　单动拉延模具受力图

1—凹模；2—压边圈；3—凸模；4—顶杆

表 6-3 学
习记录表

【检测评价】

"汽车盖板零件拉延模具 CAD 设计"学习记录表和学习评价表见表 6-3、表 6-4。

表 6-3 "汽车盖板零件拉延模具 CAD 设计"学习记录表

汽车盖板拉延模具图	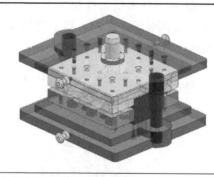
	汽车盖板零件拉延模具 CAD 设计

序号	项目	完成情况
1	模架、压力机的合理选用	
2	工作零件的设计	
3	安全螺钉、销钉、定位螺钉等辅助零件的设计	
4	拉延模标准件库的运用	
5	拉延模具整体结构规范、合理	

结论：

表 6-4 "汽车盖板零件拉延模具 CAD 设计"学习评价表

表 6-4 学习评价表

班级		姓名		学号		日期	
任务名称		汽车盖板零件拉延模具 CAD 设计					

		评价内容		掌握情况	
自我评价	1	模架、压力机的合理选用		□是	□否
	2	工作零件的设计		□是	□否
	3	安全螺钉、销钉、定位螺钉等辅助零件的设计		□是	□否
	4	拉延模、注塑模标准件库的运用		□是	□否
	5	拉延模具整体结构规范、合理		□是	□否
	学习效果自评等级：□优　　　□良　　　□中　　　□合格　　　□不合格				
	总结与反思：				

		评价内容	完成情况				
小组合作学习评价	1	合作态度	□优	□良	□中	□合格	□不合格
	2	分工明确	□优	□良	□中	□合格	□不合格
	3	交互质量	□优	□良	□中	□合格	□不合格
	4	任务完成	□优	□良	□中	□合格	□不合格
	5	任务展示	□优	□良	□中	□合格	□不合格
	学习效果小组自评等级：□优　　　□良　　　□中　　　□合格　　　□不合格						
	小组综合评价：						

教师评价	学习效果教师评价等级：□优　　　□良　　　□中　　　□合格　　　□不合格				
	教师综合评价：				

参 考 文 献

[1] 王孝培. 冲压手册 [M]. 北京：机械工业出版社，2012.
[2] 朱江峰. 冲压成形工艺及模具设计 [M]. 武汉：华中科技大学出版社，2012.
[3] 周树银. 冲压模具设计及主要零部件加工 [M]. 北京：北京理工大学出版社，2013.
[4] 张正修. 冲模结构设计方法、要点及实例 [M]. 2 版. 北京：机械工业出版社，2014.
[5] 模具使用技术丛书编委会. 冲压模具设计应用实例 [M]. 北京：机械工业出版社，2000.
[6] 贾铁钢. 模具设计入门与实例 [M]. 北京：化学工业出版社，2021.